高等学校环境设计专业系列教材

景观设计基础

于东飞　杨豪中
王　琼　乔　木　编著

中国建筑工业出版社

图书在版编目（CIP）数据

景观设计基础 / 于东飞等编著 . —北京：中国建筑工业出版社，2017.2（2024.1重印）

高等学校环境设计专业系列教材

ISBN 978-7-112-20285-0

Ⅰ . ①景… Ⅱ . ①于… Ⅲ . ①景观设计 – 高等学校 – 教材 Ⅳ.① TU983

中国版本图书馆 CIP 数据核字（2017）第 009953 号

责任编辑：费海玲 张幼平
责任校对：王宇枢 李欣慰

高等学校环境设计专业系列教材

景观设计基础

于东飞 杨豪中 王 琼 乔 木 编著

*

中国建筑工业出版社出版、发行（北京海淀三里河路 9 号）

各地新华书店、建筑书店经销

北京方舟正佳图文设计有限公司制版

建工社（河北）印刷有限公司印刷

*

开本：787×1092 毫米 1/16 印张：$16\frac{3}{4}$ 字数：288 千字

2017 年 5 月第一版 2024 年 1 月第四次印刷

定价：38.00 元

ISBN 978-7-112-20285-0

（29751）

版权所有 翻印必究

如有印装质量问题，可寄本社退换

（邮政编码 100037）

前言

　　《高等学校环境设计专业系列教材》（以下简称"系列教材"）是环境设计教学体系的重要支撑，由西安建筑科技大学艺术学院环境设计专业多位教学经验丰富的教师编写。西安建筑科技大学环境设计专业有着悠久的办学历史，拥有雄厚的师资队伍，在科研水平、教学经验等方面均具有独到的优势。本着对环境设计专业发展做出贡献的宗旨，编委会全体成员经过紧密筹划，高起点、高水平地编撰完成了这一系列教材，并由中国建筑工业出版社陆续出版。"系列教材"主要包括三个模块，由十余本内容丰富、特色鲜明的教材组成，整套丛书题材新颖、深入浅出，理论结合实际，可以作为环境设计、风景园林等专业的本科生教材，也可以作为广大教师、科研和工程技术人员的参考书。

　　系列教材以特色求发展为宗旨，以建筑与环境相结合、文脉的继承与发展为基础，以中尺度城乡环境设计为主题，以生态环境保护与设计为重点，主要分为专业基础、专业能力和专业方向三个模块，全面覆盖了初级到高级、理论到实践的相关专业知识。

　　教材主要特色：

　　（1）完整的教学体系

　　全面的知识和技能培养体系帮助学生系统地学习环境设计专业知识，全面提升环境设计能力。教材内容基本涵盖了环境设计专业的知识和能力要求，既满足了我国环境设计专业发展的需要，又兼顾了环境设计实践运用能力的需要。

　　（2）渐进的教学内容

　　教材在秉承先进教学理念的基础上，更加强调内容的渐进性。教材内容由浅入深，渐进性编排，注重新旧知识的结合，避免教学内容的重复出现。

　　（3）清晰的教学主线

　　所有教材都是基于统一的专业培养目标和定位、专业知识要求和设计能力要求编写，教材内容选用严格、精心准备，形成了清晰的教学主线。

（4）丰富的教学知识

教材为教师提供了完整的教学方案，帮助教师快速掌握更有效的授课方法，提高教学效果，每本教材均配有丰富的设计实践内容，便于教师创造性运用教材，灵活掌控教学。

（5）图文并茂的设计

全套教材均注重教学内容的图文并茂，大量的优秀设计案例充分激发学生学习环境设计的兴趣和动力。

（6）配套完善，指导详尽

教材除纸质版教材外，还开设了网络教学平台，提供与之配套的多媒体教学、微课教学等教学内容，为学生提供了多角度的教学配套支持。

2017 年 3 月

目录

1 景观设计概述

第一章　景观设计概述

1.1　景观与景观设计

要点：

认识景观

本节着重介绍景观与景观设计的概念及其学科的发展，目的是帮助大家对景观本身有所了解和认识，初步了解学科范畴。

1.1.1　景观的内涵和概念

当我们回顾历史上那些大规模建造的工程时，大多数人的认识往往停留在建筑的层面上，如古埃及的吉萨金字塔、古希腊的雅典卫城、中国的万里长城等，但实际上，它们可以称得上是功能庞杂的大尺度景观。中国出于漕运、供水、泄洪和农业的目的而开挖、疏浚的漕渠，也可以称得上是一种更广阔意义上的景观设计实例。早在1000多年前的南宋时期，人们有意识地在杭州西湖进行的大规模景观改造，就是一个出于防御、供水和农业等实际用途而设计的景观，这一景观最终变成了重要的城市文化和自然资源，美丽而且充满了诗意。

一个伟大的景观设计一方面要具有实用性，另一方面要具有精神含义。千百年来，人们早就意识到了修筑和建造的必要性，当然，这不仅仅是为了满足人类对食物、居所的基本需求，还是为了给世人留下伟大的纪念性构筑物以彰显他们共同的精神追求。

与人类审美意义相关的"景观"，从人类开始认识世界的时候起，就已经存在于人的主观意识之中。"景"为静、为事物，"观"为动、为神思，从这个意义上来说，景观是人类赖以生存并能够感知的形神兼备的场地空间的总体。收集素材、取舍生活是人们评价景观好坏、发现美，并进行再创作的一个过程。对景观好与坏的区分是人类长期积累的自然经验和感受，不同

杭州西湖

中国古老的都江堰水利工程景观

的气候、自然条件和时空观念都有可能改变人们的景观经验和感受，其中山水草木、风雨雷电、日月星辰等地理和气候因素直接影响了人类对景观的体验，赏心悦目是人类最终的审美追求。因此，历史上世界各地几乎都有自己的景观建造活动。毋庸置疑，那些美丽的建造体现了人类对美的欣赏和取舍，以及对生存环境不断认知和创作的过程，是理想家园在人类思想意识里的反映。

当人类社会进入工业时代后，卫星照片中壮丽的太空景观、显微镜下绚丽的机体构造等都有可能成为人类景观设计参考的范本或研究的基础，人类景观突破了以往的尺度概念，进入了更大、更广阔的范畴。

"景观（landscape）"一词本身是中性的，最早描述的是一个地理区域的总体特征，是作为地理学的一个分支而出现的。德国地理学家齐格弗里德·帕萨格（Seigfried Passarg）最早发表了《景观学基础》（1919~1920 年）和《比较景观学》（1921~1930 年）两部著作，指出"景观是相关要素的复合体"。另一位德国地理学家亚历山大·冯·洪堡（Alexander von Humboldt）认为"景观是一个地理区域的总体特征"。20 世纪上半叶，景观学扩展到人文地理学领域。1933 年德国植物学家卡尔·特罗尔（Carl Troll）提出，景观是一个区域内、存在于不同地域单元上的自然生物综合体。1985 年，哈佛大学景观生态学教授理查德·福曼（Richard Forman）在其著作中将景观定义为地球表面气候、土壤、生物、地貌等各种成分的综合体，主要侧重地理综合体横向空间规律与综合研究。

另外还有不少学者从自然、生态、人文等不同研究角度，对景观进行了定义，法瑞纳(Farina)2000 年则干脆将景观定义为人们对其格局和过程感兴趣的"真实世界的一部分"。

总体说来，无论西方还是东方的学者都对景观一词有着不同的理解和界定，存在众多的分歧和争论。这从一个侧面说明，"landscape"一词不仅内涵丰富、处在不断的变化中，而且其外延也是庞杂纷扰的，是一个多学科共

稷神崇拜图（江苏省连云港将军崖）

外太空拍摄的海洋风暴

同关注的课题。

现在，得到广泛认可的是理查德·福曼（Richard T. T. Forman）1986 年在其《景观生态学》（*Landscape Ecology*）一书中所给出的景观定义。他认为，景观是由一组以类似方式重复出现的、相互作用的生态系统所组成的异质性陆地区域。它具有四个特征：①若干生态系统的聚合；②组成景观的各生态系统间存在物质、能量流动和相互影响；③具有一定的气候和地貌特征；④

理查德·福曼

景观的组成结构及功能特征与一定的干扰因子相对应。这一概念明确了景观的组成和结构特征，并从组成与结构特征上给出了景观的范围或边界。

1.1.2　现代景观艺术的兴起

19 世纪下半叶到 20 世纪初的五六十年间，是现代主义建筑的萌芽时期。第一次世界大战之后，欧洲经济、政治条件和思想状况为设计领域的变革提供了有利的土壤，社会意识形态中出现了大量的新观点、新思潮，现代主义为人类带来了一个全新的世界。但景观设计并不是现代主义运动的主题，现代主义的先驱者们也很少关心花园设计。然而还是有一些先行者对景观设计领域产生了较大的影响，现代主义建筑四大师在进行建筑设计时，对景观都有各自的影响，其中赖特（Frank Lloyd Wright，1867 ~ 1959 年）注重与环境结合的设计作品，给了景观设计师很大的启发。首先，他位于郊外的很多"草原式住宅"——他把它们称为"有机建筑"，与广阔的大地融为一体，就像从基地上生长起来一样；其次，西塔里埃森（Taliesin West）以几何形为母题，创造出与当地自然环境相协调的建筑和园林；第三，流水别墅建筑与地形、山石、流水、树林紧密结合，一些水平挑出的平台伸向周围的自然之中。

18 世纪中叶，英国率先进入工业革命时期。工业革命带来了先进的科学技术，但却使人类过分迷醉于自身的智慧和创造性，而忽略了大自然的承受能力。人类开始遭受到各种环境恶化问题的困扰。鉴于此，人们开始对自己的行为进行反思。在这种社会背景下，一大批现代景观设计的开拓者应运而生。

1850 年，美国乡村建筑师安德鲁·杰克森·道宁（Andrew Jackson

流水别墅的个性及其与环境的完美结合

Downing，1815~1852 年）率先将现代欧洲城市公园思想引入美国，1852 年设计的新泽西州卢埃伦公园，道路呈现典型自然式布局，成为当时郊区公园的典范。18 世纪中叶，英国部分皇家园林开始对公众开放，随即法、德等国家群起效仿，并开始建造一些为大众服务的开放式城市公园。

1858 年 3 月，弗雷德里克·劳·奥姆斯特德（F. L. Olmsted，1822 ~ 1903 年）与卡尔弗特·沃克斯（Calvert Vaux，1824~1895 年）为纽约中央公园提出"绿草地"方案，在纽约修建了 360 公顷的中央公园，传播了城市公园的思想，风格上继承了英国风景园的传统，不过也不回避几何式园林。公园于 1873 年全部建成。纽约中央公园的建成，标志着现代景观设计学的诞生。

19 世纪，美国开始注意保护自然风景胜地，并把"地景式园林"的概念扩大（18 世纪在绘画艺术中出现的园林，被称为"画境式"或"地景式"园林），产生了建筑环境形态自然化的地景建筑学（Landscape Architecture，又译景观设计学、风景园林学）。地景建筑学主要从人类精神和自然景观的角度考虑人与自然的联系，突出自然美直接的"艺术价值"，强调人类精神对自然的依赖，自然美不再像黑格尔所说的那样低于艺术美。19 世纪没有创立新的造园风格，只是风景园和几何式园林的交错变化。

19 世纪下半叶，英国学者埃比尼泽·霍华德（Ebenezer Howard，1850 ~ 1928 年）出版了《明日之田园城市》一书，建议城市四周有永久性农业地带环绕，作为保留绿地永远不得改做他用，中心城市规模确定，人口超过规定数量时，应建设另一个新城，若干田园城市围绕中心城市构成城市群，城市之间用铁路联系。其乡村引入城市的理念，成为"园林城市"思想的起点。这些都构成了现代景观的理论基础。

埃比尼泽·霍华德　　　　　　奥姆斯特德

1899 年，美国景观规划设计师学会（American Society of Landscape Architects，简称 ASLA）创立；1958 年，国际风景园林师协会（International Federation of Architects，简称 IFLA）创建；1901 年，美国哈佛大学开设了世界上第一个景观设计学专业。这些对现代景观的发展起到了极大的促进作用。

19 世纪末 20 世纪初，出现了"生物圈"和"生态系统"的概念，这一时期的哲学、人类学、心理学开始注意人类精神同大自然的复杂联系。20 世纪 50 年代，对自然的人为破坏所招致的环境报复，使如何把握人、建筑与自然的关系成为迫切问题。景观随着建筑的多元化有所发展。

20 世纪 60 年代末至 70 年代，宾夕法尼亚学派在美国兴起，为 20 世纪景观设计的发展提供了数量化的生态学方法。1969 年《设计结合自然》（Design With Nature）出版发行，该书由宾夕法尼亚大学景观规划设计和区域规划系的教授伊恩·伦诺克斯·麦克哈格（Ian Lennox Mcharg，1920～2001 年）编著。《设计结合自然》运用生态学的观点，从宏观和微观两个方面来研究人和自然环境之间的关系。该书的出版在西方学术界引起了很大轰动。自 20 世纪 70 年代以来，《设计结合自然》备受西方学界推崇，成为景观设计领域里程碑式的著作。它奠定了景观生态学的基础，建立了当时景观设计的准则，标志着现代景观在后工业时代的大发展。

在景观设计领域，理论与高科技相辅相成，共同推动着现代景观的发展，特别是区域规划理论和技术与景观设计进行了有机的结合，已经成为高科技应用的前沿。这里特别值得一提的是3S技术，包括地理信息系统（Geographic Information System，简称GIS）、遥感技术（Remote Sensing，简称RS）和全球定位系统（Global Positioning System，简称GPS）三个方面，区域景观美感预测、城市绿地系统规划和大范围的国土资源规划，都离不开3S技术。3S技术为景观设计提供了极为有效的研究工具，在流域或区域景观（或更大）的尺度上，成为资料收集、储存、处理和分析不可缺少的手段。

1.1.3　历久弥新的学科

19世纪末20世纪初，景观作为一门单独学科逐渐形成。1858年，美国景观设计之父奥姆斯特德提出了景观设计（Landscape Architecture，简称L.A）这一新的专业名称，他在城市绿地、广场、校园、居住区及自然保护地的规划与设计中奠定了景观设计学科的基础。1901年奥姆斯特德爵士首次在哈佛开设了第一门景观设计专业课程，并首创了四年制景观设计专业学士学位（Bachelor of Science Degree in Landscape Architecture），此后便与建筑学理学学位（始于1895年）并行发展。1909年，开始在景观设计课程体系中加入规划课程，逐渐派生出城市规划专业方向，1929年城市规划从景观设计学院独立出来，从而形成建筑、景观、规划三足鼎立的格局，并发展至今。就国际范围而言，现代景观以美国为先导，目前美国有60多所大学设有景观规划设计学专业教育，其中2/3设有硕士学位教育，1/5设有博士学位教育。

奥姆斯特德坚持将自己所从事的职业称为景观设计（L.A），而非普遍采用的Landscape Gardening（风景造园），为景观设计专业和学科的发展开辟了一个广阔的空间。20世纪60年代，美国景观设计学科的另一位领袖麦克哈格在他的著作《设计结合自然》中再一次扩展和净化了这一专业领域。

1.1.4　景观设计艺术的基本定位

景观设计与规划、建筑、地理等多学科交叉、融合，在不同的学科中具有不同的意义。从规划及建筑设计的角度出发，景观设计学的关注点在于综合地解决问题，关注一个物质空间的整体设计，解决问题的途径建立在科学、理性分析的基础上，而不是仅仅依赖设计师的艺术灵感和艺术创造来表达艺术家本人的理想和观念。

从人类所处的外部世界的角度来说，景观只有三类：自然景观、人工景观和半人工景观。目前，国内景观设计专业设置名目众多，分散在建筑学、林学、地理学、艺术学等一级学科中，学术界关于学科名称的争论也一直没有结束。事实上，无论称谓如何，我们所做的景观设计研究和探索工作都脱不出"自然"、"人工"、"半人工"这三大范围。正如我们在谈到建筑时，不能分门别类，把古典建筑、现代建筑分成不同学科，因为它们是一脉相承的建筑文明，它们有截然不同之处，但它们的截然不同都基于大建筑学科的共同的基本理论和基本原理。景观学科也一样，不同的称谓之间必然如建筑一样存在差异，这也正是一门学科所必须包含的宏观和微观部分，是一个学科伴随着人类社会的发展进步而逐渐演进的各个阶段。我们今天所谈论的景观设计学同它演变而来的历史源头，即景观园林学也已经大不相同，而且，它作为一门学科仍在不断向前发展。

今天，国际上的景观设计是一个非常广阔的专业领域，21 世纪的景观设计概念已经扩大到地球表层规划的范畴，涵盖了从花园和其他小尺度的工程到大地的生态规划、流域规划和管理，以及建筑设计和城市规划的相当一部分内容和基本原理，在更大的范围内为人们创造着经济、适用、美观并令人舒适愉悦的生存空间。

关于景观设计，或许正如赫勃特·西蒙（Herbert Simon）1968 年在《工艺科学》（*The Science of Artificial*）中写到的："所谓设计，就是找到一个能够改善现状的途径。"没有谁能够准确地预测到未来的景观将会如何，但是几千年的实践已经证明，景观和社会的生产方式、科学技术水平、文化艺术特征有着密切的联系，它同建筑一样反映着人类社会的物质水平和精神面貌，反映着它所在的时代特征。

1.2 景观设计与景观设计师

要点：

了解景观设计师职业

本节介绍了景观设计师的工作领域以及景观设计师的职责，帮助大家在对学科和专业有所了解的基础上，对行业范畴和职责有所了解。

对于景观设计专业，我们很难为它的职业内容下个明确的定义。实际上在景观设计师正常的日常工作中，他们的大部分时间都用来在景观经理、项目经理、设计师、景观设计师、城市设计师和其他身份之间转变，他们的工作也非常丰富、充实而有趣。景观设计专业具有巨大的潜力和希望，它致力于将我们生活的世界与我们的未来描绘得更加美好，而这更需要源源不断的具备专业技能、富有创造力、眼界开阔的专业人才。

1.2.1 什么是景观设计师

世界上所有的生物相互依赖，依托自然环境而紧密联系在一起。景观设计师（Landscape Architect）是运用专业知识及技能，以景观的规划设计为职业的专业人员。景观设计工作的关键在于从文脉上来考虑公园或其他外部空间的设计，并且需要经常回到宏观层面上来放大和缩小局部细节以确保设计的平

建筑师杨经文为土耳其设计的生态城市构想

衡和尺度。

景观设计学将美学和科学知识融为一体。美学为景观设计学提供了一种审美，这种审美通过图示、模型、电脑成像和文本的形式得以表达。设计师通过使用各种元素，诸如线、造型、材质和颜色来表现这些成像，这个过程使设计师既能与其所服务的人交流，也能使场地得以形象化展示。科学知识则涵盖了对自然环境系统的理解，其中包括地理学、土壤学、植物学、地形测量学、水文学、气象学和生态学。这其中也涵盖了有关结构方面的知识，例如道路、桥梁、墙体、铺面，甚至还包括临时性建筑的建造方法。由此，景观规划师不但需要具备专业知识，还需要成为具备像交通规划和建筑设计等方面知识的复合专业人才，集多学科知识于一身，以便给出全面的解决方案。

对于那些渴望变化和挑战，并对让世界生生不息的一切事物感兴趣的人来说，从事景观规划设计工作再好不过了。他们致力于修整和改造城市，参与城市总体规划项目，解决环境危害问题，为公众人群设计广场、公园和街道，解决气候突变问题和建设可持续发展的社会。

因为景观设计涉及的学科非常广泛，所以景观设计师常常需要拥有出色的沟通交流能力。他们作为工程团队的核心，需要自始至终对方案进行全局控制。实质上，就是要求团队和成员之间形成良好的沟通和工作联系，使整个团队可以在全工期采取最有效率的工作方式并发挥他们应有的作用。对于大型的景观设计工程尤其需要一个大型的多样化的团队，其中还包括环境评估员、室内建筑师和旅游顾问等。

1.2.2　景观设计师的工作领域

景观设计师的工作领域多得让人难以置信。在任何有人类可以塑造景观的地方，你都可能在那里发现有景观设计师在工作。日常场所如校园、公园、街道等；纪念性场所如奥林匹克会场、大型公共广场；滨水区的开发如河滨绿地、海滩娱乐场等；休憩场所如旅游胜地、高尔夫球场、活动场所、主题和娱乐公园等；自然场所如国家公园、湿地、森林环境保护区等；私密场所如花园、庭院、公司园区、科技园、工业园等；历史场所如历史纪念碑、城市历史街区等；学习场所如大学公共绿地、公共广场等；沉思场所如康复花园、感官花园、墓地等；生产场所如农耕用地、林地等；工业场所如工厂、实业发展公司、矿业与矿石开采、蓄水水库、水力发电站等；旅行场所如高速公路、运输通道、交通建筑、桥梁；宏观规划如新城镇、城市的整修改造与住宅区环境设计等。为了便于详细解释，我们分几个类别加以介绍。[1]

1）场地规划和开发

世界已经发展到了一定的阶段，我们可以将景观设计视为最全面性的艺术表现形式。

——杰弗里·吉利柯（Geoffrey Jellicoe）

景观规划是在某一区域的现状环境和规划环境之间寻求平衡的一种技术，它将给场地用地性质带来各种可能性。景观设计师的最成功之处就是让自己的作品不被人察觉。这种低调得令人难以置信的设计手法在景观设计师的设计过程中随处可见。景观设计师必须专注于遵循场地客观条件，连接它的功能，并坚持自己的立场不被其他因素所动摇。对于景观规划师来说，任何规模的场地，不管大小，都可以从不同的层面进行规划。例如，某处景观可以从居住空间、洪灾治理、动物栖息地、交通运输和工业等层面进行规划。

景观规划师通常要从大的区域范围上考虑自然环境和建筑环境，如公园绿地系统、交通路网、农业地域和地理区域。景观规划师在工作中也经常研

秘鲁马丘比丘古城遗址

1　参见：（英）蒂姆·沃特曼著．景观设计基础 [M]．肖彦译．大连：大连理工大学出版社，2010.

究设计道路系统，其中包括交通系统，如道路和运河、绿化带和野生动物的迁徙路线。

现在的景观规划方法在很大程度上得益于伊恩·麦克哈格。他在《设计结合自然》中，明确提出了将景观分成不同层面进行分析的模式。麦克哈格的理念和方法经过发展形成了现在的地理信息系统（GIS），即借助于电脑技术进行生态分析和土地分析，这在土地利用规划上具有革命性的意义。

2）生态保护和管理

景观规划的概念同景观管理保护的概念往往是相同的。例如，景观规划师可以在完成了土地利用规划之后，对某个区域的景观进行规划管理。不同的是，景观管理可以通过景观设计实现设计师的意图。景观管理还可以使景观保持适宜的生态健康，并在最大程度上保护物种的多样性。景观管理需要承认景观是环境、社会、文化和经济的基础。所以，我们要保护景观，以维持它在这些方面的生命力和生产力。我们需要把保护进行到底，所以景观设计师需要采取某些策略和行动以实现对景观的保护。景观管理，从景观设计学科的各个层面上来说，它是基础性的、跨学科的工作，其从业人员的职业十分广泛，包括建筑师、考古学家、勘测员和植物学家等。景观管理者需要经常参与城市或者国家公园、自然保护区或是工业景观的设计，并对其负责。

"流动的花园"西安 2011 国际园艺博览会规划

美国马萨诸塞州霍利约克市自行车道景观

圣地亚哥·卡拉特拉瓦在爱尔兰首都都柏林设计的桥梁塞缪尔·贝克特（Samuel Beckett）

3）历史文化保护

当提到景观保护这个词时，人们首先会想到那些豪华宅邸的庭院和著名的园林，但这些只是这个概念的一部分。大量的文化景观被联合国教科文组织授予了世界遗产的称号，并给出了历史文化保护的范围。粗略地扫一眼世界遗产名录，你会看到昆士兰州的热带雨林、巴库的城寨、法国的卢瓦尔河谷和马丘比丘古城。同景观规划、景观管理和保护一样，历史景观保护的工作也具有跨学科的性质，它需要同许多其他专业人员进行合作，包括建筑师、考古学家、资料收藏管理员和档案保管员等等。

4）景观科学研究

景观设计师用科学的方法塑造了景观，我们也可以看到在景观设计学、景观科学和环境科学之间存在重要的交集。景观科学与植物学、地理学、生态学、流体生物学、土壤学和野生动物栖息地保护等众多学科之间也存在重要交集。景观科学的工作需要进行跨学科合作。景观科学的工作范畴包括生态调查、野生动物研究、植物研究、保护、管理、评估、减轻污染（如植物修复）和回收再利用等。环境评估是景观设计师工作的重要内容，它包括景观的视觉性评估、汇报，有时景观设计师还需要作为专家解答公众的提问和咨询。

5）城市和城镇

城市应该建得像一座公园。

——柯林·罗（Colin Rowe）

景观设计学的工作在很大程度上需要遵循城市肌理。景观设计师的大部分工作将围绕城市环境而展开，如公共广场、住宅、街道和公园。景观设计师还要以文献的形式进行城市战略规划，如总体规划、公共领域战略（Public realm strategies）、城市设计框架和城市设计规范。

景观设计师从事城市设计已经成为一种越来越普遍的现象，他们称自己为城市设计师。城市设计是一门学科而不是一种职业，认清这点很重要，建筑师、景观设计师和城市规划师经常需要协同合作，这三门学科之间存在交集。

城市景观设计专业的工作同其他行业联系紧密，景观设计师还要对塑造城市形态的各种因素有所了解，从经济到政治再到心理学。景观都市主义（Landscape Urbanism）是近年来出现的一门新兴学科，它试图强调景观设计的重要性，认为景观决定了城市的形态，构成了城市的框架。

6）园林和庭院

在历史上，园林和庭院曾是众多景观设计师工作的重心，尤其是私家园林，而现在这种情况已经不复存在。园林是人类居住环境的基本单位，它可以被看作是微观的大地景观。对园林设计感兴趣的景观设计师现在仍然可以在这一领域有所作为。园林设计具有挑战性和重要性，设计师需要掌握大量植物方面的知识，并了解景观的组成部分，如土壤、地质、水体、气候和地形。设计中的各种元素和实践活动，如造园形式、材料和颜色都将在园林中得以体现。公共开敞绿地是人们聚集、休憩和放松的场所，它不仅对人的身心健康有益，还可以为动物如候鸟提供栖息地。园林可以清新空气、净化水体，并有助于在炎热的夏天调节城市气温。在园林、庭院设计中，景观设计师需要绘制景观施工图，表现细节的建造方式，并绘制种植布置图。

7）现代居住环境

景观设计师关注现代居住环境设计，如可持续的社区景观规划和社区景观设计等。好的场所可以带给人们舒适的感觉。优秀的社区环境可以让人们有安全感并可以在很大程度上帮助人们保持乐观的心态，对生活充满希望。

如今，科技通过移动电话和互联网等便捷的方式将我们紧密联系在一起。但同时，它也使得我们彼此相互疏远。我们每天忙于在虚拟世界内相互联系，也许我们正生活在一种真空的自我状态之中。社区的意义如今在物质空间和虚拟空间中同时存在。良好的社区设计应该致力于提高人们的生活质量，增进人们相互交流，减少犯罪事件的发生。优秀的社区规划加上合理的国土规划和经济发展，可以为所有人带来更高品质的生活。景观设计师应该为所有的社区作出优秀的设计。

1.2.3 景观设计师的责任

景观设计师的工作就是维持和保护我们的景观风貌，为人们营造提供居住、生活和娱乐的场所，并为植物和动物营造供它们繁衍生息的场所。在国外，景观建设已成为城市公共生活空间的重要组成部分，景观设计已成为人居环境科学的一部分，形成了教育注册培训执业和继续教育等一系列完整的职业制度，也聚合了广泛的社会基础和优秀的领军人才，建立了行业协会的社会管理体系，成为社会分工的有力支柱。

我国的基本建设工作程序，明确了景观设计的企业资质核准制度，有力地保障了景观建设的健康发展。城市与社会的发展，对生活质量的追求，极大地促进了景观建设的蓬勃发展。众多的就业机会给景观设计行业提供了良好的发展平台。景观设计师职业的设立，其基本作用和目标在于运用城市规划、园林绿化、环境设计等专业理论知识和技能，保护与利用自然与人文风景景观资源；创造优美宜人的人居环境，组织安排良好的游憩环境。这对于我国环境景观的健康发展不仅有积极的现实意义，更有深远历史意义。

当今世界，城镇化的深入和蔓延，信息与网络技术带来的生活方式的改变，全球化趋势加剧，都将提出新的问题和挑战，都将要求重新定义景观设计学科的内涵和外延。可持续理论、生态科学、信息技术、现代艺术理论和思潮都在等待景观设计师为新的问题和挑战提供新的解决途径和对策。

1.3 景观设计应有的思考方式

要点：

学习设计师应有的思考方式

本节分别从问路于历史而非主义、尊重完整的人、熟悉自然、立足生态基础、面对艺术变革等方面剖析了景观设计中可能面对的问题，目的在于引导大家去探索和理解景观设计师应该如何进行思考。

1.3.1 问路于历史而非主义

对于艺术这种归属人类精神层面的自由创作，丹纳给出了科学的规律和认识方法，清晰地定义了艺术是什么，艺术为何存在，艺术应该如何成为艺术，给出了在艺术形成的过程中，模仿、升华的模仿以及突出"基本特征"（或称"事物本质"）这一成就艺术珍品的方法。景观包括在其中。[1]

在人类的发展过程中，各个时期的景观杰作好像是偶然的产物，我们很容易认为每一种景观艺术的产生是由于兴之所至，是不可预料的，随意的，表面上和一阵风一样变化莫测。虽然如此，不同时期、不同类型的景观创造也像风一样有许多确切的条件和固定的规律。

首先，任何的优秀作品都不是孤立的。一件作品总是显而易见地属于设计者的全部作品，属于同时同地的景观宗派和设计风格。就像一个父亲所生的几个儿女，彼此总有显著的相像之处。比如17世纪勒诺特创造的法国宫廷式园林，因独树一帜被欧洲各国君主和贵族竞相模仿，影响远及中国圆明园。这种园林形式在法国甚至被称为勒诺特园林。

其次，景观设计师及其景观创作总是从属于某一时代、地域、种族、文化……从属于某一个总体。如意大利台地园几乎都有台阶式布局、水链瀑布、河神雕塑等极为相似的构景要素。18世纪，地形、气候、社会发展的综合力量，最终造就了追求开朗、明快的自然风景的英国式园林。

再次，成功的景观创作还与在它周围而趣味和它一致的社会密不可分。因为风俗习惯与时代精神对于群众和设计师是相同的。设计师不是孤立的，在生

---

1 参见：（法）丹纳著 . 艺术哲学 [M]. 傅雷译 . 南京：江苏文艺出版社，2012.

活的一切重要方面，设计师与群众完全相像，不能不分担社会总体的命运。只要翻一下历史，就可看到某种艺术是和某些时代精神与风俗特征同时出现，同时消灭的。由此可见，我们想要了解一个景观设计作品、预见景观发展的历史，必须正确设想它们所属的时代精神和风格概况。在这一考察中，我们先看到一个总的形势，就是普遍存在的祸福，奴役或自由，贫穷或富庶，某种形式的社会，某一类型的宗教，总之是人类非顺从不可的各种形势的总和。这个形势引起人的相应的"需要"，特殊的"才能"，特殊的"感情"。

我们可以作一个比较，以使风俗和时代精神对景观艺术创作的作用更易于理解。假定从南方向北方出发，可以发觉进到某一地带就有某种特殊的种植、特殊的植物。先是芦荟和橘树，往后是梧桐树或葡萄藤，往后是橡树和燕麦，再过去是松树，最后是藓苔。每个地域有它特殊的作物和草木，两者跟着地域一同开始，一同告终。植物与地域相连，地域是某些作物与草木存在的条件；地域的存在与否，决定某些植物的出现与否。而所谓地域不过是某种温度、湿度，某些主要形势，相当于我们在另一方面所说的时代精神与风俗概况。自然界有它的气候，气候的变化决定这种那种植物的出现；精神方面也有它的气候，它的变化决定这种那种景观艺术的出现。我们研究自然界的气候，以便了解某种植物的出现，了解玉蜀黍或燕麦，芦荟或松树；同样我们应当研究精神上的气候，以便了解某种景观艺术的出现，即景观创作应问路于历史而非主义。精神文明的产物和动植物界一样，只能用各自的环境来解释。每一个历史时期，人类对社会的主要特征、主要问题认识不同，所表现的设计和艺术形式有所不同。

1.3.2　尊重完整的人

从人类本身的角度来考量，今天的景观设计不仅需要考虑适合人类生理尺度的度量，包括满足我们的感觉——视觉，味觉，听觉，嗅觉，触觉，包括考虑我们的习惯、反应和冲动，还需要满足作为一个完整的人的更广泛的需求。

景观设计师也必须懂得这一点，从古至今，景观设计都在试图改善人类的生存条件，这不仅仅反映而且生动塑造了人类的思想和文明。为任何一种文化的民族作设计，哪怕是去了解他们最单纯的生活模式和艺术形式，都有必要首先对其信仰有所认识。

在哲学上，希腊人认为家庭处于他们的内在中心，因此，带着绝对的逻辑色彩，希腊人的家居是面向内部的。从外部看，它们不加修饰，入口不过是墙壁上的一个简单门洞，面对着弯弯曲曲的街道，向内开向一个安静和愉快的个人世界，在这里，人们的生活、交流、学习都陶冶成了高超的艺术。而希腊的市民建筑和庙宇则是高贵的象征，它们退后或突前以便让四周都可以看到，它们的设计包含和体现了理想和最高的秩序，被有意识地创造为整个城市朝向的焦点。

埃及人则把生活看作沿着坚定的传教道路上的一次远征，直到最终面对死亡的裁判。这种命运观控制着他们的思想、艺术以至家居的规划布局。他们的整个生活都在一条直线上作强制性的运动。埃及人的目标是沿着这条路走得尽可能远。

相对而言，中国人则是在漫步走过自己的世界，把他们引向自己的神灵和祖先坟墓的，不是光滑的墙壁之间的石道，而是友善的大自然。中国人的庙宇不是一所自我封闭的建筑，而是一处寺庙庭园，在这里，地形、水、植物和石头与建筑、墙壁、大门一样重要。景观设计是一种直觉，正是景观的设计阐释了建筑的设计，没有其他地方像在中国这样把景观作为建筑真正的题材。

1.3.3　熟悉自然

对景观设计师来说，自然对每一个设计项目都表现为永恒的、生机勃勃的、可怖却又慈善的环境。我们成功的要诀是懂得自然。就像一个猎手以自然为家，饮山泉，宿野外，不避酷暑严寒，知道猎物何时以山脊上的坚果为餐、何时以山谷中的浆果为食；就像他能感觉暴风雨的到来，本能地寻找庇护所；就像一个水手以海为家，判断浅滩，辨别沙坝，识别天气，观察海底构造的变化——因此，设计师必须熟悉自然的各个方面，直到对任一地块、建设场地和景观区域，都能本能地反映出其自然特征限制因素和所有可能性。只有具有这样的意识，我们才能发展一系列和谐的关系。

从地球形成开始，所有生命逐渐形成一个相互作用的、平衡的网络。这种生命构型或生物圈，产生于土壤、空气、火和水，包括我们的整个生存环境。例如在古代的中国，依据风水思想的城市规划和建筑选址强调跟随自然规律和法则，其核心目的是让大地和自然界的能量流自然通过。

1.3.4 立足于生态基础

工业时代，我们用推土机思考，用铲土机规划，忽视地形、表土、气流、水文、森林和植被，许多城市成为柏油、玻璃、钢筋水泥组成的荒漠（气候学上的）。我们曾经使森林覆盖的流域变成侵蚀严重的冲沟和荒原；我们的露天采矿法使得大面积的良田荒废；我们曾经眼睁睁地瞅着千百亿立方码的肥沃表土无可挽回地冲进大海；河流被生活和工业废水污染……我们对自然的掠夺曾经到了其他文明匪夷所思的地步。这种错误是可悲的。当然，人类行为扰乱了自然和宇宙的秩序，灾难随之而生。

今天，在生态学的领域，人们已经认识到土地不能被肆意塑造成冰冷的几何造型和孤立的私人领地。即使最小的部分也不能与其他临近的土地和水域割裂开来考虑。因为人们已经很好地认识到每一部分都可以利用其他部分，同时也影响它们。从生态学来看，所有的土地和水域都是相互联系相互作用的 。[1]

理性状态下，土地、水和其他资源的供给是不会耗尽的，但这并不是现实情况，城市的蔓延和分散正在给人类的生活带来越来越多的问题。现在正是该重新评价我们对土地的认识和利用的时候了，以便创造一种积极的途径，能紧跟我们对土地的新的理解。对于每一个场地，只要依从它们的属性进行设计，都有潜力建设为出色的社区或其他功能。更进一步，我们必须刻意敏锐地朝新的自然秩序系统继续演进。这种秩序是一种人与人、人与社区及人与活生生的景观之间关系的改善。[2]

在历史的长河里，环境保护第一次变为全世界最终关心的问题。对土地和水资源以及大地景观的合理管理正在变成一个普遍的目标，发展成一个更高远的生活和居住观念，这表现出了对人类自身的更加尊重，对自然威力的更好的理解。它不是试图征服自然或模仿自然，而是要产生一种归属感。它将鼓励我们重新学习旧的真理并从自然规律中发现新的真理。我们应及时地重拾昔日本能，再次体验到源于顺应自然的生活方式的生机焕发和精神震撼。

1　（美）约翰·O. 西蒙兹著 . 景观设计学 [M] . 俞孔坚等译 . 北京：中国建筑工业出版社，2009：8 ~ 12.

2　（美）约翰·O. 西蒙兹著 . 景观设计学 [M] . 俞孔坚等译 . 北京：中国建筑工业出版社，2009：375 ~ 379.

1.3.5　面对艺术变革

20 世纪下半叶，在建筑师探索设计建筑物的新方法的同时，景观设计师也在试图摆脱严格的主轴线和次轴线的规划设计方法——这种构图方法从文艺复兴时期继承下来，曾经成为一切文雅的景观的验证。

"我们的动机是好的，方法也是卓越的，但是，在寻找更好的设计方法的过程中，不知不觉地，我们只是试图去发现新的形式。直接的结果不过是规划几何的、新的、怪异的变体，和哗众取宠、陈词滥调的翻版。我们的规划图解基于锯齿、螺旋，以及叶柄、蕨叶、重叠的鱼鳞等模式化的有机体上；从石英晶体里寻找几何规则形式；从细菌培养皿中吸收'自由'的设计形式；试图借用和改造古波斯庭园和早期罗马的城堡。"[1]

推翻对称之后，取而代之的是不对称的构图。这些岁月里，我们的景观规划设计变成了一系列图形的竞赛。和近一个世纪的建筑探索一样，景观设计也在经历着一次次的变革，反包豪斯、反现代主义……

后现代主义——变革的盛期，从名称就可看出，它是复杂的、扭曲的、怪诞的。但无论怎样，这个创造提出了一个强有力的宣言，只不过这唯一的宣言常常是"看着我！看着我！看着我！"有些景观设计师甚至开始违背他们项目应该遵守的自然场地，自以为是的"景观艺术"只是为震撼效果而设计。树木被喷成红色，泉水像彩虹一样喷出，大片奇异的苗床植物代替了天然地被。人的需求、自然系统和生态要素被忽略，甚至被嘲笑。

然而，形式并不是设计本身，我们应该探索的并不是借用的形式，而是一种有创造性的景观设计哲学。东方的禅宗和道家哲学思想，具有动态的智慧特征，对于完美的概念更强调寻求完美的过程而非完美的本身。禅宗和道家的生活艺术存在于同自然和周围环境的关系的不断的、谨慎的调整之中，在于自知之明的艺术和"处世"的艺术。源于这一哲学的规划设计思想被重新发现并已经在发挥作用，即使不作为景观规划设计的哲学，至少也有很好和有用的指导作用。

设计的方法实质上并不是对于形式的追求，也不是原则的应用。真正的方法应该是：设计只对它所服务的对象具有意义，应最大限度地给他们带来便利、

1　（美）约翰·O. 西蒙兹著. 景观设计学 [M]. 俞孔坚等译. 北京：中国建筑工业出版社，2009：384.

融洽和乐趣。规划设计是在整体之上的各种最佳关系的创造——合适、方便而有序，是一种被感知的事物的深层本质的揭示——合适意味着对材料、形状、尺寸、体量的正确运用；方便意味着行动的灵活，阻力少，舒适，安全，有回报；有序意味着合理的顺序和对各部分的理性安排。

纵观历史，城市最让人赏心悦目的方面不是它们的规划形式，而是本质的事实，即在它们的规划和发展中，市民的生活功能和愿望被考虑、被采纳、被表达。对于雅典人，雅典城是无限的，雅典首先是一种壮观的生活方式，而绝不仅仅是一些街道和构筑物的组合。对于他们而言，雅典城所蕴含的东西绝不少于今天我们的文明城市。

总而言之，影响景观品质的因素广泛涉及了自然、历史、人文和社会等各个方面，景观设计师在考虑整个设计的趋势时，需要树立正确的思考方式。

本章扩展阅读：

1. （美）伊恩·伦诺克斯·麦克哈格著 . 设计结合自然 [M]. 黄经纬译 . 天津：天津大学出版社，2006.

2. （法）丹纳著 . 艺术哲学 [M]. 傅雷译 . 南京：江苏文艺出版社，2012.

3. （美）约翰·O·西蒙兹著 . 景观设计学 [M]. 俞孔坚等译 . 北京：中国建筑工业出版社，2009.

4. 刘滨谊著 . 现代景观规划设计 [M]. 南京：东南大学出版社，2010.

5. （美）贝尔等著 . 环境心理学 [M]. 朱建军等译 . 北京：中国人民大学出版社，2009.

6. （美）卡尔·斯坦尼兹 . 景观设计思想发展史——在北京大学的演讲 [J]. 黄国平整理翻译 . 中国园林，2001(5).

2 景观的历史源流

第二章 景观的历史源流

2.1 蒙昧时代的世界

要点：

了解景观的起源

　　远古的蒙昧时期人类生活十分简单，大部分时间和精力都用在了打猎和采集食物上。他们为景观设计学所留下的，也许只是一些脚印、吃剩的骨骼和贝壳。

　　12000 年前，人类开始了农耕活动，随之大量定居下来。我们不难想象，当时的人们是怎样根据自然形态为他们赖以生存的山川、河流命名的。

　　西方人类最初的文明在两河流域和尼罗河流域形成，经过爱琴海岛屿对古希腊产生了影响，并在这里奠定了西方文明的基石。这里是西方文明的发祥地，也是西方哲学思想体系的源头。两河指幼发拉底河和底格里斯河，它们发源于皑皑群山之中，灌溉了广阔富饶的美索不达米亚平原。苏美尔人最早来到这片土地辛勤耕作，他们所建立的文明影响了后来的巴比伦人。苏美尔人的山岳台和巴比伦人的巴别塔，作为景观地标具有场所性和可识别性。与两河流域相似，非洲尼罗河的河水每年定期泛滥形成的肥沃平原，孕育了古埃及文明。法老的野心和权力让吉萨金字塔、卡纳克神庙的建设成为可能。

　　纵观历史，东西方人类景观在发展演进的历程上是完全一致的。东西方文化相互之间的影响作用，可能远远超出我们的想象。我们可以从亚洲和欧洲的很多地方找到景观设计方面的相似之处。例如，石阵和石人（包括环形和成群的）以及石板墓。人们推测，巨石阵可能是具有某种精神寄托的朝圣地，或是供古人类观测天象的天文台，而历史上人类留下的更多重要景观作品是为了纪念死去的灵魂。在亚洲的大草原上，除了中国新疆的天山、阿尔泰山，以及内蒙古部分地区，从蒙古、南西伯利亚草原，向西穿越中亚腹地，一直

尼德兰画家 Pieter Brughel the Eider 的巴别塔，现藏于维也纳自然历史博物馆

阿尔泰山的石阵，因刻有鹿纹又
被称为鹿石

新疆石人

到里海和黑海沿岸，没有国界区别地都存在着石人，成为北方草原上一道独
特的风景。无论如何，有一点可以肯定，即人类为提高不同场所的可识别度，
设计建造了各种景观的表现形式，以此阐明自然赋予人类的秩序和意义，并
叙述了人类与宇宙之间的关系。这种秩序和关系在现代社会中仍将引起共鸣，
并产生深刻的影响。

2.2　传统东方景观

要点：

了解东方景园的基本信息

东方景园在世界园林史上自成一体，本节着重介绍其文化渊源、景园特点以及构景要素等。

2.2.1　中国

1）中国传统景观的文化渊源

东方的文化与建筑和景观设计有着紧密的联系。无论是建筑形式和选址、基地周边的景观环境，还是小型的雕塑作品、装饰纹样都是协调一致的一个有机整体。

从起源来看，中国古代山川秀美、土地富庶，景观的起源是从模仿原始状况的第一自然开始的，之后深受儒、释、道等哲学思想以及中国水墨山水画的影响，景观创作在精神上让人感受到一种绝世出尘的自由。

儒家、道家和禅宗思想的影响

春秋战国时期道家学派的创始人老子从大地呈现在人们面前的山岳河川形象感悟出"人法地，地法天，天法道，道法自然"之理，提出尊重自然、崇尚自然的哲学观。同时"智者乐水，仁者乐山"的儒家情怀、"一沙一世界，一树一菩提"的禅宗理念等也交织其中，共同影响了中国古代景观的发展。

老子、孔子都注重观察事物时的对立面及其相互转化。古代中国人把这种宇宙模式的观念渗透到园林活动中，从而形成一种独特的群体空间艺术。

中国风水理论的影响

中国虽然传统上没有提及景观的概念，但风水学已经将"大山水"的概念纳入体系之中。风水理论始终贯穿着"天人合一"的思想，其"千尺为势，百尺为形"、"形者势之积，势者形之崇"、"势可远观，形须近察"等都是景

太极八卦——对立面及其相互转化

唐孙位《高逸图》

观设计的经验之谈。这使得中国传统城市、乡村和建筑营造与山川河流、地方
文化完美结合起来，形成了独特的中国景观风貌。

隐士情节与文化的影响

隐士[1]是中国封建社会的特有产物，魏晋南北朝时兴起的山水诗、田园诗
和山水画是隐士文化的最大成就。山水诗人和画家们讴歌的重要主题是美妙的
山水和隐士生活的乐趣。山水诗画情不自禁地歌咏大自然的美景，江上清风、
山间明月是永恒的主题。这种对大自然的美的发现，对形成中国文化的特色具
有重要意义。诗画的结合不仅产生了中国文人独特的造景方法，同时创造出人
间最精巧的人工环境。

象征与写意文化的影响

中国古典文化之中，无论文学、戏曲，还是音乐、绘画，象征手法都

1　隐士的形成具有不同的成因，一般是在改朝换代之际，士人为逃避新政、顾全气节而避世。如
商朝的伯夷、叔齐是孤竹君之子，以互相谦让王位而闻名，周灭商后，为保全气节隐居首阳山，
耻食周粟、采薇充饥直至饿死。他们的行为被认为具有高尚的节操而受士人称颂。另一类隐士
是为了追求清高和自由不羁的个人生活，或保持独立的人格与理想，虽满腹经纶却终身不仕。
最有代表性的是晋代的嵇康，他与阮籍、山涛等被后世称为“竹林七贤”。在政治上，嵇康对
司马氏政治集团持不合作态度，并因此被杀害，临刑前有太学生三千情愿以他为师，充分说明
隐士所具有的叛逆精神和在士人阶层中的崇高地位。晋末著名诗人陶渊明，身为县令不愿为五
斗米折腰，挂冠而去，被后世传为美谈。此外，为避危图安、躲避乱世的隐士占更多数。东汉
末年直到魏晋南北朝时期，中国社会极其动荡，统治者腐败贪婪而残暴，文人动辄得咎、命如
蝼蚁，所以很多文人逃入山中，住土穴，睡树洞，只为保全性命。山野生活虽然清苦，但美丽
的大自然却能赋予他们精神上最大的安慰，并把他们的聪明才智引向艺术与文学的创作。

是其重要的表达方式之一。"万物有灵",在中国,古代不同的山水景物,都被赋予了不同的人格化特征。这使人们常能"寄情山水",借以表达自己的思想感情。而写意山水画的深刻影响,使景观设计带有很大的随机性和偶然性的体验,构图曲折自由,没有定式,深刻体现了人们对大自然的提炼和认识。

2)中国传统景观的发展及其特点

中国传统景观主要以古典园林为代表,依据形式可分为皇家园林、私宅(文人)园林、寺庙园林以及自然风景式园林;依据地域可以分为北方园林、南方园林、岭南园林;按选址不同可以分为人工山水园和天然山水园。但总体特征几近相同,童寯先生在《江南园林志》一书中指出"吾国园林,名义上虽有祠园、墓园、寺园、私园之别,又或属于会馆,或傍于衙署,或附于书院,其布局构造,并不因之而异。仅大小之差,初无体式之殊。"

汉以前的萌芽期

最早见于史籍记载的园林形式是 3100 年前(公元前 11 世纪)商周之际的囿猎园,园林里面的主要构筑物是"台"。商末,纣王"广沙丘苑台,多取野兽飞鸟置其中"。"囿"为狩猎之用,"台"为通神之用,体现着古老的"天人合一"、"君子比德"和"企望神仙"的思想。

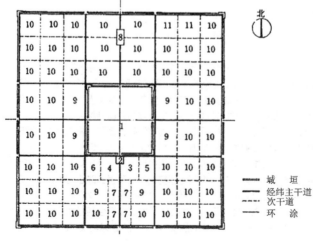

西周王城规划结构示意图
1－宫城;2－外朝;3－宗庙;4－社稷;5－府库;6－厩;7－官署;8－市;9－国宅;10－闾里;11－仓廪
资料来源:周维权.中国古典园林史.清华大学出版社,1990.

—— 城垣
—— 经纬主干道
---- 次干道
— 环涂

《周礼·考工记》中已经对城池的规格、模式作了严格规定，要求规整平直。但苑囿建设并不受城市格局的影响，以自然山水为主要欣赏对象，直接模仿甚至利用自然山林景观的做法，使造园的路子变得宽阔。秦汉时期是中国造园艺术的萌芽时期，有了专门的园林——"昆明池"。秦始皇统一中国后，建上林苑，苑中建有很多宫殿，并"作长池、引渭水、筑土为蓬莱山"（《三秦记》），开创了人工堆山的记录。

清朝画家袁耀根据唐朝诗人杜牧《阿房宫赋》想象画出的阿房宫，山川树木等自然景物共同形成宫室景观

魏晋南北朝的奠基期

魏晋时期的三百多年间（200～580年），有三百年以上国家分裂、烽火不停，政治集体的内讧和自相残杀，使士族阶层深感生死无常，贵贱骤变，于是悲观失望、消极颓废，人们追求返璞归真、隐遁江湖，但各种学派"争鸣活跃"，文化上获得了极大发展。山水画在此时逐渐开始形成独立的画种，其中经营位置等绘画理论和方法也间接指导了造园活动。

受出世思想的影响，文人学士把笔墨转向了野囿闲庭，自然不再是人类敬畏的敌人，而是可亲的依托环境，园林由此从畋猎、娱乐、休息的场所，发展成一种真正的艺术，这是一个质的变化。这一时期私家园林出现，皇家园林的建设纳入都城的总体规划；建筑与其他自然要素取得了较为密切的协调关系。

隋唐五代和两宋的发展期

唐朝营园最重要的特点是文人学士的积极参与。唐代的园林不再仅仅满足于对自然的歌颂和亦步亦趋的模仿，开始追求"超越自然的自然"，人们细心观察高山的巍峨险峻，流水的回环跌宕，鲜花的芬芳雅洁，绿树的青翠挺拔，并将其精华提炼后布置在一块相对较小的园地中。如果说以前的园林中人和自然已经有了对话的关系，那么在当时，这种对话仿佛是在饱经风霜的山水老人和稚气满面的孩童间进行的。而到了唐代，双方的交谈才是对等

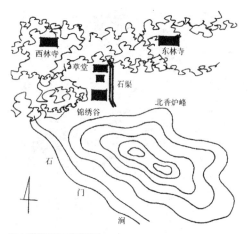

庐山草堂平面想象图
资料来源：周维权.中国古典园林史.清华大学出版
社，1990.

杭州西湖

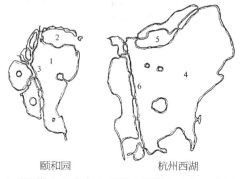

颐和园　　　　杭州西湖
1.昆明湖 2.万寿山 3.西堤 4.西湖 5.白堤 6.苏堤
资料来源：周维权.中国古典园林史.清华大学出版
社，1990.

的，人不再满足于咿呀学语而开始将自己脑海中最美的形象用最新颖的词汇表达出来。唐朝山水园一般是在自然风景区中或城市附近营造而成，著名的例子有王维的"辋川别业"，白居易的"庐山草堂"。此外，寺庙园林分布较宫苑、私家园林更为偏远和接近自然，是公众饱览名胜的所在。

中国画在唐代发展出金碧青绿山水画和泼墨山水画两大派系，唐朝结束后的五代十国时期，历史虽然短暂（只有50多年），但在山水画上忠实地继承并发展了泼墨山水，并使之成为风景画中的主流，"野水无人渡，孤舟尽日横"的诗画意境深深影响了造园思想，"一拳代山、一勺代水"的写意园由此深得山水之神韵。

到了宋代，中国文化和诗文绘画的新发展，使人们开始重视园林意境的创造，常常按照自己亲笔描绘出来的景色构想自然并使自己得到满足，而不是仅仅停留于出神入化的模仿。宋朝园林已开始"按图度地"，图纸不再只是园林的忠实记录而成为施工的指导。

宋代文人园林的主要风格特点在于简约、疏朗而意境深远，景物数量不求其多，但整体性强，不琐碎，园林本身与外部自然环境契合巧妙。南宋迁都临安（今杭州）之后，经唐朝白居易疏浚整治、用以灌溉的西湖成为当时

颐和园俯瞰

前山以佛香阁为中心的巨大主体建筑群，中轴线清晰显著，重廊复殿，层叠上升，贯穿青琐，气势磅礴。巍峨高耸的佛香阁八面三层，踞山面湖，统领全园，体现着北方建筑群的特色和王者风范；以庄重威严的仁寿殿为代表的政治活动区，以乐寿堂、玉澜堂、宜芸馆等庭院为代表的生活区，呈现着北方四合院的严整；而背山依水而建的苏州街则又是一番江南景象。

昆明湖中，宏大的十七孔桥如长虹偃月倒映水面，如此体量巨大的豪放、粗犷之美十分切合北方"长河大漠"的气候和环境特征

最著名的旅游胜地，人称"一处楼台三十里，不知何处是孤山"。西湖沿用了"一池三山"的园林理水模式，湖山主景突出，历史文化景物众多，是世界上最早的大型园林城市。

采用"曲"、"隐"等障景或抑景手法，来增加景观和空间的层次变化。直线距离其实很短的，但是非要造出弯曲的走廊，增加了距离感

元明清的辉煌期

元代蒙古族政权不到一百年的短暂统治，民族矛盾尖锐，造园活动基本上处于停滞的低潮状态。

明清已是封建社会没落衰亡的时期，政治上的守旧导致了文化发展的停滞，文学上再也没有唐诗的博大雄浑和宋词的清新精巧，绘画方面门派之见愈见浓厚，使得作品风格单一。这对园林发展也造成了消极影响，虽然西洋画派和造园学也曾在统治者面前展示出新的艺术形式，但当时的社会如同一个垂暮老人，难以承受这些新的发展。该时期是中国历史由古代转入近现代的一个急剧变化的时期，园林的发展由成熟、向上、进取的发展倾向，转而呈现出逐渐停滞、盛极而衰的趋势。这一时期造园理论研究停滞不前，但宫廷和民间造园活动仍很频繁，因为站在唐宋文明基础之上，仍然有很多名园堪称中国古典园林中的经典之作，并涌现了一批杰出的造园家，明代还出现了我国历史上最早的造园专著《园冶》。

颐和园、圆明园等皇家园林的建设规模宏大，内容丰富。私家园林逐渐形成了江南、北方、岭南三大地方风格鼎立的局面。园林由赏心悦目、陶冶性情为主的游憩场所转化为多功能的活动中心。

总的来说，中国古典园林经过漫长的历史时期，形成了独特、鲜明、稳定的园林特征，主要可以概括为文化特征和形态特征两个方面。文化特征是

幽静精致的小空间和虚实相生的景观效果

拙政园运用远借手法的"入园见塔"

留园的石头

留园冠云峰

中国文化的哲学观、美学观以及诗画理论等在园林艺术中的反映。形态特征则主要表现为气候、地理特征、建筑群形态等在园林中的反映。

全园常分若干空间，各有主题和景观，或大或小，或明或暗，或封闭或开敞，或横阔或纵长，相互配合又相互穿插，让人顾盼有景，游之不厌。其天人相合、曲直相应、小中见大、虚实相生、巧于因借等中国古典园林特有的景观处理手法，造就了庭园中交替变化的多样的艺术体验空间。

3）构景要素

中国古典园林强调入画与成景，山石、水体、植物、园林建筑是组成中国古典园林的基本要素，山石与水体构成园林的基本空间骨架，也成为构园造景的主体景观。园林中建筑数量众多、布局合理，是世界园林史中的特例。

堆山叠石

园林中的山石是对自然山石的艺术摹写，故又称之为"假山"，中国古典园林常借叠石而抒发情趣，正如《园冶》所说"片山有致，寸石生情"。

中国古典园林中的山因其材料不同可分为土山、石山和土石山三种，常见的是土石相间的假山，其做法是石在外，土在内，层层堆叠而成。石的作用是挡住泥土外流，也使外观嶙峋多姿；有土则能种树，年代长久以后，树根深入土中，盘根错节，与石、土混成一体，便宛如天然而有画意了。

造山手法有的是模仿真实的自然山形，塑造出峰、岩、岭、谷、洞、壑等各种形象，以假乱真，如苏州环秀山庄的假山；有的是以夸张手法对山体的动势、山形的变异和山景的寓意等进行处理塑造，如苏州留园的"冠云峰"，峰顶如雄鹰飞扑，峰底似灵龟仰首，侧看若玉立观音，东西如屏列朵云；有的是借助奇石堆叠而成，如苏州狮子林；有的是结合实际需要而建造，如庭院中的石门、石屏风、山石楼梯等。

庭园理水

陈从周说"水，为陆之眼"，中国古典园林的理水是艺术地再现水在大自

苏州沧浪亭园内缺水而临河，故沿河做假山、驳岸和复廊，不设封闭围墙，因借园外河水而使内外融为一体，使景观更为丰富完整

然中的原形：湖、涧、溪、泉、瀑。"入奥疏源，就低凿池"（《园冶》），巧妙利用天然有利的水源和地势，才能事半功倍。

《园冶》中谈到地广10亩需以3亩为池。中国古典园林的理水有藏源、引流和集散三大手法，水池的形状虽有近似于方、圆或狭长等不同，但都做成不规则的自然形态。在水池四周布置跌宕参差的山石景物造成变化的景观，以达到"江水西头隔烟树，望不见江东路"的观赏效果。正如宋朝郭熙在《林泉高致》中所说"水欲远，尽出之则不远，掩映断其派（脉），则远矣。"无论水池大小，常会将水面用岛、桥、廊、汀步等再作分隔，使水面层次增加而显得邈远。临水而设的建筑是中国古典园林理水的重要一环，直线形或曲尺形的建筑池岸与山石叠砌的自然形池岸，常能取得更有趣味的对比效果。

园林建筑

中国园林中的建筑形式繁多，异彩纷呈，是中国传统建筑中的重要遗产。其实园林建筑与一般建筑并无根本区别，只是在平面布置、立面形式和细部装饰上更为灵活多变，不完全受传统礼制的严格控制。园林建筑的性质大体可分两类，一类是具有使用功能的，如厅、堂、室等，一类是专属游园赏景的，但是不论何类建筑，在园林中都具有双重作用——既是人活动的空间，也是构成风景的重要因素。

建筑布局南方私家园林活泼轻巧，北方皇家园林严整宏伟；南方园林淡雅，北方园林富丽；南方园林通透、开敞，北方园林厚重、封闭。不同的建筑形式反映出园林不同的设计主题和性格特征，反映着气候条件、地理因素的影响。

拙政园建筑布局与理水

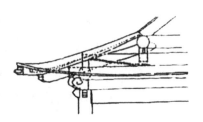

北方寒冷地区墙体较厚而屋面较重，木材用料较粗壮，因此北方系建筑造型浑厚稳重

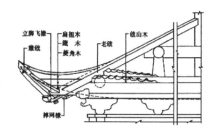

南方气候温暖，墙体较薄，屋面较轻，木材用料比例较细，因此南方系建筑造型轻巧玲珑

资料来源：中国建筑史编写组. 中国建筑史.

花木配置

童寯先生说："园林无花则无生气，盖四时之景不同，欣赏游观，怡情育物，多有赖于东篱庭砌，三径盆栽，俾自春至冬，常有不谢之花。"

中国古典园林花木的欣赏不止于色彩、形态、芳香，乃至松涛雨落之声等物理美学特征，还将一些花木的自然美学特征，引向更深更高的道德伦理、人生哲学层次。于是梅兰竹菊等被寓以高洁的品性，松鹤等被赋予福寿的象征。园林种植并不以种多斗奇，如苏州留园原多白皮松，怡园多松、梅，沧浪亭多箸竹，各具风貌，寓意突出。

2.2.2　日本

古代东方各国的造园艺术都不同程度地受到中国文化和中国园林艺术的影响，其中日本、韩国、朝鲜、越南等国家和地区所受影响较大。

日本庭园特色的形成与日本民族的生活方式、艺术趣味，以及日本的地理环境密切相关。日本庭园在古代受中国文化和唐宋山水园的影响，后又受到日本宗教的影响，逐渐发展形成了日本民族所特有的"山水庭"缩景园，十分精致和细巧。园林尺度较小，注意色彩层次，植物配置高低错落，自由种植。石灯笼和洗手钵是日本园林特有的陈设品。

在 19 世纪以前近千年间，日本庭园大都有如下特征：

①除极少数宫殿庭园外，都是不对称的自然形式。都是表现海、山、瀑布、溪流等自然景观的，用意正在于创造寓身自然的意境，唤起宁静脱俗的心理状态。传统的日本园林主要有筑山庭（即所谓鉴赏型的"山水园"）、平庭和茶庭等。

筑山庭："筑山"又像书法一样，分为"真"、"行"、"草"三种体，繁简各异。它是表现山峦、平野、谷地、溪流、瀑布等大自然山水风景的园林。

平庭：一般布置于平坦园地上，有的堆一些土山，有的仅于地面聚散地设置一些大小不等的石组，布置一些石灯笼、植物和溪流，象征原野、谷地、高山和森林。平庭中枯山水的做法，以平砂模拟水面。

茶庭：一般是在进入茶室前的一小段空间里，布置各种景观。一般面积很小，布置在筑山庭或平庭之中，四周设有野趣的围篱，如竹篱、木栅，有小庭门入内，主体建筑为茶汤仪式的茶屋。茶庭中有洗手钵和石灯笼装点。

② 多数庭园运用缩景技巧。对主要造景树木进行自然式修剪造型，体量小而姿态古雅，在不大的空间内可配置较多的植物。山石一般不堆叠。

③ 置石与理水常遵循一定的法式，依据不同庭园大小和地形灵活运用，

日本 Makuhari 的 IBM 现代景观　　　　　　　　1985 年纽约野口勇博物馆
来源：王向荣，林菁著 . 西方现代景观设计及其理论 . 中国建筑工业出版社，2002.

因此造园普及。

④ 园内一般不种草花。每处造景以绿篱、篱垣或墙垣围绕或作背景。地被植物除草皮外，常用苔藓或小竹。

⑤ 十分重视园路的铺石、步石、汀步、桥、栏杆、添水[1]、石灯笼、洗手钵等园林设施和装饰物的造型艺术。

明治维新后西方花园使传统园林受到了很大冲击，但日本民族对自然的热爱使得他们永远不会将人工凌驾于自然之上，这决定了其传统将在很大程度上为现代社会所接受，事实上也正是如此。日本造园学认为对美的发现仅是在心理上对不完整景观完整化的过程，日本民族从不缺乏想象力，他们无时无刻不在一个并不完美的环境中自我创造着另一个完美的世界。

1　添水："爱有农器，名之添水，添水者，僧都也。"利用储存一定量的流水使竹筒两端的平衡转移，然后竹筒的一段敲击石头发出声音。声音用来惊扰落入庭院的鸟雀、野猪等。但后来在日本庭园中，形成了一种景观的设计，而原来赶走鸟类的竹子声音，也透过竹子和水两种纯洁的象征而转变成为一种净化心灵的表现。

2.3 传统西方景观

要点：

了解传统西方景园的基本信息

本节分析了地理位置、气候条件、文化等因素在西方传统景园形成和发展过程中的作用，并按时间顺序对传统西方景园进行了介绍。

2.3.1 环境和文化对景观的影响

一般认为，希腊文明源于中亚和北非的大陆文明，即亚洲的两河流域和北非的埃及。美索不达米亚（Mesopotamia），在希腊语中的意思是两河之间的土地，原义"河间地区"，亦称"两河流域"（底格里斯与幼发拉底两河的中下游地区）。"美索不达米亚文明"与"两河流域文明"为同义词，具体是现在的伊拉克及周边地区。事实上，埃及、两河流域和希腊共处于环地中海地区，而且这里自古海运发达，各区域之间的相互渗透和影响在所难免。当欧洲进入漫长的中世纪时，古老而辉煌的古希腊和罗马文明，却在阿拉伯世界得以保持。

因此，欧洲的文化传承于埃及、美索不达米亚和古希腊、罗马，那里或为沙漠包围，或为山地丘陵，或为广袤平原，自然和地理条件比较单一，完全不同于中国山川秀美、自然条件变化多样的环境。人们理想中最美的地方是适合农业生产的富庶土地，于是传统景观就从模仿农业生产状况下的第二自然开始，这是经过人类耕种、改造后的自然，具有明显的几何倾向，公元前三千多年前的古埃及人在耕作之中较早地发明了几何学，并把几何的概念灵活地用于庭园设计，是为世界上最早的规则式园林景观。

公元前五百年，以雅典为代表的自由民主政治带来了景观的兴盛。与古希腊神庙建筑相结合的景观和建筑本身一样具有强烈的理性色彩，通过整理自然，形成有序的和谐。萌芽时期的景观体现了人类为更好地生活而同自然界的恶劣环境进行斗争的精神，它来自于农业生产者勇于开拓、进取的精神，以"强迫自然去

欧、亚、非大陆在地中海地区相碰撞，这里古时四大文明古国占其三，为人类辉煌的文明奠定了基础

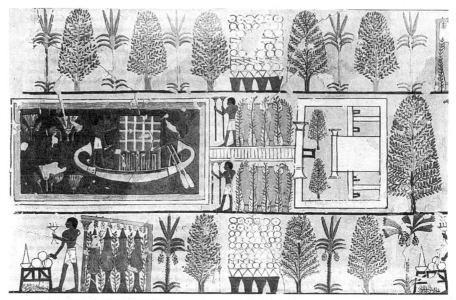

古埃及墓葬壁画中规则种植的植物

古埃及阿美诺菲斯三世时代一位大臣陵墓壁画中的奈巴蒙花园（大英博物馆藏）
资料来源：王向荣，林菁著．西方现代景观设计及其理论．中国建筑工业出版社，2002．

维贡特府邸花园的建筑，修剪植物，花坛，雕塑，水池组成的几何式平面视觉效果

接受匀称的法则"为指导，追求一种纯净的、人工雕琢的盛装美。

　　西方的景观形式从一开始就同秩序密不可分，这种理性的思维促使西方景园在各个不同时代都遵循着同一美学原则。传统景园更高水平上的发展始于意大利的"文艺复兴"时期。16世纪中叶至17世纪下半叶，法国古典主义的出现，是唯理主义的一种表现，反映了资本主义向往更合乎"理性"的社会秩序，景观设计提倡明晰性、精确性和逻辑性，提倡"尊贵"和"雅洁"，强调人工美高于自然美。这种典型的古典主义美学价值观，充分体现了西方人改造自然的创新价值。

另一方面，西方的城堡、别墅，甚至宫殿大都造在风景最好的地方：赏心悦目的景致、鲜花盛开的草地、开阔的田野、浓密的丛林、澄澈的溪、清亮的河……四周都是广阔的大自然，并不需要欣赏园林里的自然，这与建造在拥挤的城市之中，围着高高的粉墙的中国古典园林不同。真山真水之间的景园设计，没有必要再象征性地模仿自然。其所要考虑的问题，一是要把庭园当作露天的起居场所；二是要把它当作建筑与四周充满野趣的大自然之间的过渡环节。

欧洲人的审美理想是各部分协调统一，自然的不规则性可以是美丽而妥帖的，房屋的规则性也一样。但如果把两者放在一起而没有这种妥协，那么，二者的魅力就会因为尖锐的对比而丧失。西方的建筑是以砖石砌筑为主，封闭、沉重，即使增添一列柱廊，砖石建筑极强的几何性，也很难与自然形态的树木、山坡、溪流等环境要素相互渗透协调。作为二者的过渡环节，把自然因素建筑化是最简单方便的办法，就是兼有建筑和自然双方特点的几何式园林，原材料是自然的，形式处理是建筑的，简便而巧妙。

西方景园的艺术特色突出体现在构造布局上。以几何美学原则为基础，常在轴线高处的起点上布置体量高大、严谨对称的建筑物，建筑依靠轴线成为景观的统帅，主要构成要素喷泉水池、修剪植物、雕塑、广场、建筑等都沿轴线依次排列，笔直的道路纵横交叉，在交叉点上形成小广场。整个布局，体现严格的几何图案，各种客观形式属性如线条、形状、比例、组合等在审美意识中占主要地位。景观表现手法张扬、直接而富有个性，与中国式的含蓄存在着明显的差异。

2.3.2　景观的发展

1）古埃及、古巴比伦及古希腊的园林

古埃及园林

古埃及是人类文明最早的发源地，贯穿南北的尼罗河是古埃及文明的摇篮。埃及几乎全年不雨，气候干燥炎热，邻近沙漠景色单调，少有广袤的森林，水是人们生存的重要条件。

古埃及人种植谷物完全依赖河水，并很早就开始重视人工种植树木和其他

古代巴比伦的"空中花园"

奥运会圣火点燃仪式

植物。因受自然环境制约，人们在实用作物的栽植上积累了丰富经验，园中植物种类也多为无花果、枣、葡萄等果树，以便于存活，这意味着园林植物的发展是由实用到观赏逐步过渡的。除宅园外，古埃及尚有神园、墓园等形式，古埃及人死后可在来生转世的信念要求坟旁有树以供享受，墓园完全追求现实生活中令人愉悦的一切，它是现今西方墓园的起源。

考古发掘的古埃及陵寝里，大量墓葬雕刻和壁画描绘了当时宫苑、园林、住宅、庭院和其他建筑风貌。庭院基本采取规则的几何形对称布局，其中水池是必不可少的，树木大多成行栽种，具有强烈的人工气息。

古巴比伦

与古埃及文明几乎同时绽放的古巴比伦文明位于底格里斯河和幼发拉底河之间的美索不达米亚平原之上，相对于古埃及，两河流域水源条件较好，雨量较多，气候温和，茂密的森林广泛分布，然而却是一块无险可守的平坦土地，因此战乱频繁，数易其主。

在广袤的两河平原上，人们利用起伏的地形，在恰当的地方堆筑土山，在高处修建神庙、祭坛，庙前绿树成行，引水为池，豢养动物。由此产生的园林源头——猎苑，在古巴比伦蓬勃发展。猎苑不同于天然森林，是在天然森林的基础上，经过较为规则的人工加工形成的。随着时间的推移，古巴比伦人开始赋予园林更鲜明的特点，公元前6世纪巴比伦草原上诞生的空中花园，是在高大的、能承受巨大重量的拱券上覆盖铅皮、沥青，再积土其上种植植物，形成中空可住人的人工山。在顶部设有提水装置，保证树木生长，远望全城如天间山林，构想之奇妙大胆，为世上所罕见。

古希腊

在古希腊，真正有影响力的建筑群就是神庙，与园囿式和中庭式不同，公共园林是依附于公共建筑供公众使用的。希腊人不仅使几何秩序的建筑和周围环境十分和谐，而且赋予他们一种整体意义，使神庙成为自然环境的要素之一，并且是具有说服力和表现力的要素。

神庙和自然或者自然神存在着一种"纪念性"的对话关系，但住宅的庭院或天井之中，园林是几何式的；公元前5世纪，希波丹姆的几何网格式城市规划布局在城市建设中流行。这时人与自然的对立还是潜意识的，完美的几何秩序不是希腊建筑的唯一甚至主要标准，更重要的是，希腊人也没有从美的角度把几何化形体扩大到同自然环境对立的程度。

2）古罗马的造园

古罗马代表了古希腊以后西方文明的一个重要发展阶段，在这个阶段中人与自然的对立意识得到了推进。罗马人的历史地位，是作为世界的征服者而确立的，同征服和掠夺异族的帝国意识一样，也把自然当作供人奴役、为人服务的对象。

希腊人富于幻想、罗马人却很实际。希腊人喜欢哲学思辨，罗马人则倾全力于军事、交通、贸易、政治、税收以及农业、水利、建筑之类的实际工作。奥古斯都的军事工程师维特鲁威所著的《建筑十书》是当时建筑技术发展的证明。《建筑十书》总结了建筑设计原理、建筑材料、建筑构造等方面内容，还提到了建筑物和城市、道路、地形、朝向、光照、风向、水质等诸多因素的关系，以及城市规划的基本理论。

在喧嚣的城市生活中，罗马人也向往田园情趣，或依附于城市的田园生活；另外不满于金钱、权力的激烈角逐，越来越代表帝国的宗教的威压，以及对自由思想的压抑，许多人乐于依附自然，消极避世，从而推进了对田园生活的追求。因此，园林别墅有了一个繁荣发展的过程，这个过程和我国春秋时期一样，人们由畏惧自然，到愿意亲近自然、依附自然。甚至在罗马时代众多自然神还是存在的，但已经变成了人们模仿学习的对象，他们被看成和人一样的自然产物，逍遥自在，不问世事，不必再对他们心存敬畏。罗马人把花园视为宫殿和

哈德良别墅。这个融合了欧、亚、非三大洲文化的古罗马庭院，常常显露出不同文化背景营建元素的整合：彰显古罗马优秀工艺水准的拱顶、精细的马赛克铺地、沿袭古希腊文明的剧场与柱廊、戏剧面具、叙利亚拱门、从埃及与巴比伦等地采运而来的材料等，都体现了大融合下海纳百川的恢宏气度。

哈德良（76年～138年），117～138年罗马皇帝，外号勇帝，古罗马五贤帝之一。哈德良别墅原本是其夏宫，作为体现近2000年前人类文明巅峰之作的皇家园林，充分展示了古罗马社会的财富、秩序与高度发达的营建技艺。除了具备帝国皇帝——哈德良个人休闲的花园别墅功能外，在哈德良别墅里，法院、图书馆、画廊、神庙、竞技场、剧场、浴场、露天餐厅、旅馆、泳池等各式设施一应俱全。无论我们阅读庭院史、建筑史、艺术史、欧洲史及其他任何史书，哈德良别墅都留有不容轻视的一页。以庭院论，哈德良别墅的理水技艺已经足以让人激赏不已（10个蓄水池含运河，6个大浴场，6个水帘洞，30个单嘴喷泉，12个莲花喷泉，35个水厕）！

资料来源：王向荣，林菁著.西方现代景观设计及其理论.中国建筑工业出版社，2002.

住宅的延续，在规划上采取类似于建筑的设计方式，几何形的花坛、水池，修剪整齐的绿篱，以及菜圃、果园等，都体现出井然有序的人工美。

3）中世纪

"中世纪"（Middle Ages）一词是15世纪后期人文主义者首先提出的，指西欧历史上从5世纪罗马帝国瓦解到14世纪文艺复兴开始前的一段时期，历时大约1000年左右。这段时期因古代文化的光辉泯灭殆尽，故又称为黑暗时代。在建筑上，罗马分裂为东罗马（拜占庭帝国建筑为代表）和西罗马（西欧）（哥特教堂为代表），在整个中世纪欧洲几乎没有大规模的园林建造活动，花园只能在城堡（相对随机）或教堂周围以及修道院庭院（服务宗教）中得到维持。但中世纪的城市发展，为后来园林的营建建立了一个良好的基础。

就园林的发展史而言，中世纪的园林可以分为两个时期：前期以实用性为主的寺院庭园时期；后期简朴的城堡庭园时期。源于罗马的树木修剪一直盛行

中世纪古城锡耶纳

威尼斯水道

不衰，但此时已不再修剪成人或动物的形状，而以层叠的几何形体为主。修建有防御用的砖、石围墙和分隔用的栅栏、树篱。出现花结花坛（Knot），为采摘鲜花而建造的"高台"（High Bed）为中世纪所特有，盛行迷园，园中开始设置坐凳，喷泉为园中主要组成部分。

从建筑单体上看，中世纪的欧洲诞生了两个著名的建筑风格——拜占庭风格和哥特风格。单就这两种建筑风格来说，已经足以改变欧洲的城市风貌，形成了与古罗马完全不同的城市景观。正如阿尔伯蒂所说"中世纪的街道就像河流一样，弯弯曲曲，较为美观，避免了街道显得太长，城市也显得更有特色……弯曲的街道使行人每走一步就看到不同外貌的建筑"。[1]

中世纪的城市绿地与街道的自由、和平与宁静气氛十分契合，刘易斯·芒福德说"中世纪城镇的公园和开阔地标准远比后来任何城镇都要高，包括19世纪浪漫色彩的郊区。这些公共绿地保持很好，像英格兰中部小城莱切斯特，后来就成为能与皇家苑囿相媲美的公园……"

4）文艺复兴时期的意大利台地园

意大利盛行台地园林，秉承了古罗马园林风格，充分利用起伏多变的地形资源，创造了多种理水方法。当人位于最高层时视线升高，海天一色的巨大尺度使自然气氛压倒了人工气势，减弱了双方冲突中的势均力敌之感，人

1　（美）刘易斯·芒福德著.城市发展史——起源演变和前景.宋俊岭，倪文彦.中国建筑工业出版社，2005.

　　从空间上看，埃斯特园基本可以分成几个平台层次，整个庄园在中轴及其垂直平行路网均衡、规整控制之下。只有在水风琴所在的平台前出现了开敞的视角，其他地方的空间都被限定成带状，这样，设计师便可以充分掌控游览者的视线。花园是从建筑后的露台一层层往下呈现的，由于台地园的特点，在游览的过程中，人们的视线几乎全是往下的俯视。可是设计师丝毫没有让人们鸟瞰全园的想法，而是通过空间和植被的布置将其恰当地遮挡起来，这样人们常常可以俯瞰很远的地方，甚至整个蒂沃利的山脚，但对于园中的喷泉，却是只闻其声，不见其形。这就使得每个令人惊叹的美景的出现，都为游览者带来了足够的视觉冲击和惊喜。

工环境只是自然环境的一小部分。台地是意大利园林的特征之一，它有层次感、立体感，有利于俯视，容易形成气势。整形的绿丛植坛在最下层，获得了较好的视角。

　　16 世纪到 17 世纪初，是意大利文艺复兴园林的盛期。作为反映当时意大利知识阶层的审美理想的园林，追求和谐的美，也就是对称、均衡和秩序。他们把园林视为府邸建筑与周围大自然之间的"过渡环节"，力求"把山坡、树木、水体等都图案化，服从于对称的几何构图"。沿山坡筑成几层台地，建筑造在台上且与园林轴线严格对称；道路笔直，层层台阶雕栏玉砌；树木全都修剪成规则的几何形，即所谓"绿色雕刻"，花园中座座植坛方方正正，与水池一样讲究对称；一泓清泉沿陡坡上精心雕刻的石槽层层跌落，称为"链式瀑布"。

　　意大利古典园林是西方造园史上一个影响深远、有高度艺术成就的重要派

河神雕塑——雕塑一直都是意大利台地园的精美标示，法尔奈斯庄园自然毫不例外

别，留存至今的代表作包括罗马三大名园：兰特庄园（Villa Lante）、法尔耐斯庄园（Villa Farnese）、埃斯特庄园（Villa d'Este，Tivoli），它们充分展示了文艺复兴时期西方造园的最高成就。

16世纪下半叶，意大利文艺复兴的古典艺术巴洛克化，也出现了巴洛克园林手法。追求活泼的线形、戏剧性和透视效果，此外，滥用造型树木也可列为巴洛克式造园的一个特征。文艺复兴晚期，"手法主义"艺术思潮也影响到园林，追求主观、新奇、梦幻般的表现，如布玛簇花园（bomarzo）。

5）法国古典主义时期的宫廷园林[1]

随着普遍到来的社会变革和文艺复兴古典艺术的传播，欧洲许多国家都效仿意大利，修建了大量几何形园林，在17世纪勒诺特的法国古典式园林形成了又一个高峰，并广泛影响着整个欧洲，直到18世纪在英国兴起自然风景式造园。

勒诺特是法国乃至欧洲造园史上的一位杰出人物，继承了法国园林风格和意大利园林艺术，坚持整体统一的原则，使法国园林脱颖而出，取代了意大利而独树一帜，一时间被欧洲各国君主和贵族竞相模仿，甚至影响到圆明园。其代表作品有维康府邸（vaux-le-vicomte）、凡尔赛宫（versailles）、苏艾克斯（sceaux）等。这种园林形式在法国称为勒诺特园林或法国园林，英、德

1　参考：陈志华.外国造园艺术[M].郑州：河南科学技术出版社，2001.

称之为巴洛克园林，中国多称其为法国古典主义园林。凡尔赛宫主轴超出 3 公里，围墙长达 45 公里，是意大利园林无法比拟的（大型的埃斯特园约 180 米 ×240 米）。

勒诺特的造园保留了意大利文艺复兴庄园的一些要素，如轴线、修剪植物、喷水、瀑布等，还吸收了巴洛克的放射线，但更开朗、宏伟、高贵、恢宏。主轴上的视线从宫殿出发，一直延伸到遥远的地平线。

从意大利到法国勒诺特园林中，内与外、人和人化的自然同大自然的区别一步步变得越来越明显。建筑是一个集中点，不是融入园林，而是借同它一直的轴线交错和几何关系来控制园林。园林不模仿真实的自然环境，而是遵循抽象的"造物"法则（西方美学原则）。由建筑到园林是两个层次的人类场所，特别在法国园林，这个场所被无限扩大。随着工业革命的发展，这种人与自然的对立关系导致了严重的环境后果。

6）英国自然风景园

中世纪一结束，英国就进入了都铎王朝时代（1485 ~ 1603 年）。前往意大利、法国旅行的造园家们，对意大利、法国庭院的迅猛发展瞠目结舌，决心回国仿造外国的所见所闻。之后，大水池、放射状林荫道等法国宫廷式风格的景园要素都逐步传入。但从事造园工作的大部分仍是英国人，虽然模仿了新式造园样式，英国人却更热衷于花卉栽培，是这一时期英国与欧洲大陆庭院的主要不同之处。在英国阴郁气候的影响下，植物生长繁茂。与采用

凡尔赛宫暗夜女神雕像喷泉。花园内有 1400 个喷泉，以及一条长 1.6 公里的十字形人工大运河。路易十四时期曾在运河上安排帆船进行海战表演，或布置贡多拉和船夫，模仿威尼斯运河风光。花园内还有森林、花径、温室、柱廊、神庙、村庄、动物园和众多散布的大理石雕像。

彩色土、雕刻品、花瓶相比，英国造园家们更乐于用明丽的花坛来营造出欢快的气氛。

18 世纪，英国出现了自然风景园。资本主义生产方式造成庞大的城市，促使人们追求开朗、明快的自然风景。英国本土丘陵起伏的地形和大面积的牧场风光为园林形式提供了直接的范例，社会财富的增加为园林建设提供了物质基础。这些条件促成了独具一格的英国式园林的出现。这种园林与园外环境结为一体，又便于利用原始地形和乡土植物，所以被各国广泛地用于城市公园，也影响了现代城市规划理论的发展。

英国自然风景式造园思想首先是在政治家、思想家和文人圈中产生，他们为风景式园林的形成奠定了理论基础，并且借助于他们的社会影响，使得自然风景式园林一旦形成，便广为传播，影响深远。

这种风景园以开阔的草地，自然式种植的树丛，蜿蜒的小径为特色。抛弃了轴线、对称、修剪植物、花坛、水渠喷泉等所有被认为是直线的或不自然的东西，以起伏开阔的草地、自然曲折的湖岸、成片成丛自然生长的树木为要素构成了一种新的园林。

主要的设计师有肯特（William Kent，1684 ~ 1748 年）、朗斯洛特·布朗（Lancelot Brown，1716 ~ 1783 年）、钱伯斯等。自然派的鼻祖是布朗，因此也称布朗派（Brownist），其后继者是胡弗莱·雷普顿（Humphry Repton，1752 ~ 1818 年）和马歇尔·威廉（Marshal William）。

据估计，布朗当时设计的 170 多座花园，如今依然在豪华的古宅或者英国的国土上以某种形式存在着。他以值得信赖的美誉、精湛绝伦的技艺被他的顾客们赋予了"无所不能"的称号。

布朗作品的关键元素是宽阔起伏的草地加上树木成排的林园。然后，那些树木常常将你带入一片就像直接来自希腊或者罗马的神秘景观，点缀着寺庙、纪念碑和桥梁，有时还带有一些湖泊。而且，最后的景象一定看起来就是浑然天成的，成为一片英格兰土地上的世外桃源。

18 世纪中期，以威廉·钱伯斯（William Chambers，1726 ~ 1796 年）为首的园林设计师反对布朗式的风景园，认为这种园林过于单调，完全是模仿大自然的景观，以至于人们在园中分不清楚哪里是园内，哪里是园外。作为改进，园林中要建造一些景点，于是中国的亭、塔、桥、假山以及其他异国情调的小建筑、模仿古罗马废墟等景物开始大量出现在英国园林中。这些

查德沃斯的美丽景观

英国斯托海德风景园

受到中国文化影响的英国园林，迅速传遍了欧洲大陆，在其他国家常被叫做"英中式园林"。

英国风景园从骨子里是对欧式古典审美标准的颠覆。在工业革命的背景下，时尚的"中国风"、自然优美的欧洲（法国、荷兰）风景画，以及对城市化造成的窘迫的空间尺度的反思与抵触，使得"师法自然、以曲为美"的中国审美意识突破了严整规范的几何体系，在英国造园界产生了深刻影响。期间无数的法式、意式的规整庭院的直线道路、水体被炸碎后按流行的"中国风"的自然曲线方式重建，剪裁得直角方圆的几何形植物不再被整形，或得以自由地生长，或被按画意重植，硬质景观元素除雕塑喷泉、花坛亭廊外也引入了岩石园假山曲水的中国元素。当然，英国自然风景园与中国园林仍然存在着显著的不同：中国园林源于自然而高于自然，对自然高度概括，体现出诗情画意。英国风景园为模仿自然，再现自然。虽然当时英国人有不

少热衷于追求中国园林的风格，却只能取其一
些局部而已。

英国自然风景园的主要特点是追求自然
美，人工要素尽量自然化，园林中景物、装饰
物与自然环境结合；园林的边界不能太明显，
隐藏边界以使视觉辽阔；尽量利用附近的森林、
河流和牧场，将范围无限扩大，边界完全取消，
仅掘沟为界；反对者认为风景园与郊野风光
无异。

邱园的中国塔

18 世纪英国自然风景园的出现，改变了欧洲由规则式园林统治的长达千
年的历史，这是西方园林艺术领域内的一场极为深刻的革命。

欧洲大陆的风景园林从模仿英中式园林开始，风景园在欧洲的发展是一个
净化的过程，自然风景比重越来越大，景物越来越少，到 1800 年后，纯净的
自然风景园林出现。这一时期留下了大量经典作品，法国峨麦农维尔（Erme-
nonville）园，德国的纽芬堡、无忧宫改建（sanssouci）、慕斯考（muskau）
等相继完成。19 世纪中期，人们再次提出在纯净的风景园林里加入几何式，
并大量应用植物，纯净的风景园走过百年的辉煌，基本结束了。

7）英国植物园的发展

18 世纪，造园家们逐渐被现实中的植物所吸引，掀起了对了解植物知识
趋之若鹜的潮流，人们全力以赴地研究植物，尤其是乔灌木所需的生长环境，
以使植物能够自然而然地生长。1759 年，威尔士宫兴建的邱园一鸣惊人，驰
名整个欧洲。1804 年伦敦成立了园艺协会，植物收集家们被派往世界各地。
著名园艺家巴里和帕克斯顿从不同角度出发进行了庭园改造的首次尝试，其目
的也是要在庭园中创造更适合于多种外国植物生长的场所。

帕克斯顿才华横溢，1826 年德翁歇尔公爵任命帕克斯顿负责建造查兹沃
斯庭园。1836 年动工、1840 年完成的热带植物大温室，令全球园艺界为之叹
服，也使帕克斯顿的才干得到了最充分的发挥。这座铁与玻璃的造物，使在北
方栽培棕榈、桫椤及其他高大的热带植物成为可能，而且即使在隆冬时节也能
造出热带庭园。这个大温室长 300 英尺，宽 123 英尺，高 67 英尺，成了许多
其他建筑的楷模，但真正使帕克斯顿一举成名的是 1851 年他在伦敦海德公园

为第一次世界博览会设计的水晶宫（Crystal Palace）。水晶宫是将玻璃温室
与规则式庭园和不规则式庭园合为一体的范例，是英国工业革命时期的代表性
建筑，预示了从古典向现代过渡的历史时期的到来。[1]

查兹沃斯的温室花房

1851 年伦敦的水晶宫

1　参考：世博会的科学传奇：凝固的乐章，http://search.cctv.com/index.php

2.4　传统伊斯兰景观

要点：

了解伊斯兰景观

伊斯兰景观主要是指结合寺庙、宫殿和陵墓出现的"四分式"庭园，其渊源可以追溯到古代的波斯帝国。园林的布局方式、理水形式值得我们借鉴、学习。

伊斯兰教是与佛教和基督教并列的世界三大宗教。公元7世纪初（公元610年）诞生于阿拉伯半岛，由伊斯兰教的先知穆罕默德创立于麦加。阿拉伯人在穆罕默德的领导下短短几十年便实现了半岛的统一，之后政教合一的阿拉伯帝国在伊斯兰教的旗帜下大举向外扩张，先后征服叙利亚、巴勒斯坦、埃及、非洲北岸及西班牙等地，并深入中亚西亚。直到1258年，蒙古人占领了巴格达，阿拉伯帝国才宣告瓦解。但时至今日，世界各地坚定的伊斯兰宗教信仰依然生生不息。以阿拉伯半岛为中心辐射出的绚丽多彩的伊斯兰建筑文化举世瞩目，成为建筑历史上的一个重要分支。

以沙漠和绿洲为经济基础的阿拉伯人以麦加、麦地那、大马士革、巴格达为基地，以一种罕见的宽容和大度吸收不同的民族文化共建阿拉伯帝国，他们研究希腊哲学，使其新生，尤其是对欧洲文化发展起到了发掘、保存和发扬的作用；他们推广中国的造纸术、罗盘针；在世界文化宝库的基础上发展与丰富了天文学、航海学、医学、数学、哲学，承上启下，承前启后，创作了灿烂的阿拉伯文明。

在世界四大文明古国中，现今的阿拉伯地区就占半数，那里古代有古老的埃及文明，有堪称奇迹的巴比伦空中花园。虽然我们今天对那里的建筑和园林感到陌生，却不能忘记人类智慧曾凝聚于此，为西方文明乃至世界文明构筑了温床。

园林通常被看作是逃避现实生活的场所，在伊斯兰世界则成了天堂的象征。由于阿拉伯地区的干旱，

迪拜朱美拉清真寺

西班牙科尔多瓦清真寺橘子庭院直接灌溉到根部的水系

无论在传说和现实中水都是值得歌颂的、美好的象征。在干热少雨、瘠薄不毛的沙漠自然环境中，水成了伊斯兰世界的灵魂和生命。正是为了节省水才采用了规则的输水线路，不仅如此，甚至将点点滴滴的水汇聚起来用输水管直接浇到每棵植株根部。对水的造型推敲细致，水景的设计技术在当时首屈一指，其理水方式后经西班牙传入意大利和法国，为欧洲园林的发展作出了卓越的贡献。

典型的伊斯兰园林景观，都由十字形的水渠划分成四块，中央是喷泉或中心水池，每方的渠代表一条河，正是《古兰经》里"天园"中的水、乳、酒、蜜四条河。水渠两侧是园路，四块花圃低于水渠和园路。园中草木丰美、花果繁密、水润荫浓、幽秘宁静。

2.4.1 波斯

与伊斯兰建筑相比，早期伊斯兰园林并没有形成其独特的景观，并且在很多地区后来的清真寺建筑中也没有太多的园林设计。但公元 8 世纪阿拉伯人以伊斯兰教的名义征服了波斯，承袭了波斯的造园艺术，创造了"田"字形的四分式庭园，即用纵横轴线（水渠）把庭园分作四区以象征天堂。这种形式的园林后来随伊斯兰教军事远征传入北非和西班牙以及克什米尔等地，被称为阿拉伯式园林或伊斯兰园林。最早的四分庭园含有"乐园"的意思，对于生长在沙漠地带的穆斯林来说，有围墙环绕，有充足的阴凉和水的庭园就是天上乐园的写照。

始建于公元前 550 年的 Pasargadae 是十字形水渠最古老的例子。赛勒斯在树木之间建了凉亭，以土墙围合一个封闭的花园，形成被群山环抱的一片绿洲。院落内有一个长方形的运河网络。运河呈十字交叉形式。渠道两旁用石头砌筑并被保存下来，成为伊斯兰园林毫无疑问的祖先。

2.4.2 西班牙的伊斯兰景观

位于西欧的西班牙，由于公元 8 世纪被阿拉伯人征服，为比利牛斯半岛带来了伊斯兰的园林文化（又称摩尔式园林），在中世纪曾盛极一时，并影响到美洲。

波斯伊斯兰古园林遗址

受古罗马人的影响，他们也把庄园建在山坡上，将斜坡辟成一系列的台地，围以高墙，在墙边种上成行的大树，形成隐秘的氛围。室外空间由曲折有致的庭院构成，狭小的道路串联每一个幽静的庭院。水作为阿拉伯文化中生命的象征与冥想之源，在庭院中扮演着重要的角色。但受欧洲园林景观的影响，这里的水池也不完全是"十字形"水渠的形状，矩形静水池出现在伊斯兰的庭院中。

庭院中地面除留下几块矩形的种植床以外，所有地面以及垂直的墙面、栏杆，坐凳、池壁等面上都用鲜艳的陶瓷马赛克镶铺，建筑与花园中的各种装饰特别细腻，瓷砖与马赛克饰面色彩华丽、精致而堂皇。

常用黄杨、月桂、桃金娘等修剪成绿篱，用以分隔园林形成几个局部。人们认为将水池置于阴影之下可以减少水分蒸发，因此，有时会在水池周边形成浓荫蔽日的景象。

阿尔罕布拉宫（Alhambra Palace）

阿尔罕布拉宫是园林史上必读一课，和所有沉淀下来的美丽庭园一样，从阿尔罕布拉宫的庭园空间可以详尽地解读出曾经雄踞欧亚非的伊斯兰文明。它坐落在格拉纳达城东的山丘上，地势险要，占地约35英亩，四周环以高厚的城垣和数十座城楼。现存最早的摩尔人建筑包括称为阿尔罕布拉的城堡和称为上阿尔罕布拉的附属建筑，前者是摩尔君王的宫殿，后者是其官员和宠臣的住地。

阿尔罕布拉宫以庭园为中心，以其景观轴线、水系等形成美轮美奂的空间。中轴并非交通流线，而是景观的组织枢纽，其空间如瞬息万变的幻境。建筑群

阿尔罕布拉宫

桃金娘宫院

狮子院

主要由密鲁特厅、大使厅、狮子厅、双姊妹厅、诸王之厅、钟乳石物之厅及庭院组成。

　　宫中主要建筑由两处宽敞的长方形宫院与相邻的厅室组成：桃金娘宫院和狮子院。

　　桃金娘宫院，长140英尺，宽74英尺，中央有大理石铺砌的大水池，四周植以桃金娘花，南北两厢，无数圆形走廊柱上，全是精美无比的图案，手工极为精细。桃金娘宫院因矩形水渠两旁种植的桃金娘绿篱而命名。这种矩形静水池从古罗马的哈德良别墅直到文艺复兴后的法国皇家园林凡尔赛、枫丹白露，一直是欧式水体的常用手法。往前追溯的话，我们还能从古埃及的金字塔壁画中找着矩形运河的踪影。几千年下来，今天这种理水形式也还受到人们的钟爱。

　　狮子院是皇族休息的地方，长方形宫院长 116 英尺，宽 66 英尺，由 124 根纤细的雕花圆柱组成（红、蓝、黄、绿四色雕刻，现在已经斑驳），宫院中心是狮子泉，由 12 只报时狮子（每过一个钟头就有一个狮子喷水）环绕，造型雄劲，气势夺人。十字形水渠——伊斯兰标签——象征天堂里四条分别流淌着奶、酒、水、蜜的河流。地面用彩砖铺砌，四周墙壁镶以 5 英尺高的蓝黄两色相间的彩砖。建筑室内布满色彩鲜艳的几何形纹饰和阿拉伯文字图案。圆顶建筑物上面满布 5000 多个小而凹陷、形式各异的蜂巢状小孔，是摩尔人建筑的代表作。十字形水渠是伊斯兰庭院的标签，中心的狮子喷泉则体现了伊斯兰建筑的地域兼容特征。

2.4.3　印度的莫卧儿园林

　　莫卧儿园林（Mughal Gardens）是莫卧儿王朝时期（1526 ～ 1858 年）建立的伊斯兰风格的园林。莫卧儿人在波斯伊斯兰园林的基础上有所创新，同时又融入了印度次大陆的艺术风情，在世界园林史上写下了灿烂的一页。

印度总理官邸的莫卧儿式园林

莫卧儿园林的水坡
资料来源：王向荣，林菁著．西方现代景观设计
及其理论．中国建筑工业出版社，2002．

胡马雍陵的四分式庭园

陵园和娱乐性的世俗化园林是这一时期的两大园林建筑类型，陵墓在莫卧儿园林中占有重要的地位。现存并列入联合国教科文组织世界文化遗产名录的莫卧儿园林有拉合尔的沙拉穆尔花园 (Shalamr Gardens in Lahore，1981 年列入)，阿格拉的阿格拉堡（Agra Fort，亦称红堡，1983 年列入）和泰姬·玛哈尔（Taj Mahal，或称泰姬陵，1983 年列入），德里的胡马雍陵（Humayun's Tomb，1993 年列入）。

莫卧儿园林沿袭了波斯伊斯兰园林的造园法则，平面布局是几何图案式的，分割或进一步分成许多小的几何图形。典型的莫卧儿园林，平面一般是正方形或长方形，分成四块，四周围以高墙，入口宏伟壮丽，大门由珍贵木材制成，布满装饰，高墙是为了挡住外界的热风。其中一个重要特征是把地形改造成几层台地，这种做法始于巴布尔。因为莫卧儿人来自多山地区，把花园做成台地是山地园林的当然做法。巴布尔把这种形式带到了平原地区，并被后来的莫卧儿园林所继承。上层台地和下层台地之间用美丽的水坡（称作 Chadars，意为"水披巾"）过渡，水坡由大理石或玉石制成，上面雕有精美的图案，水流经过时，水花飞溅，波光粼粼，在白色石材的映衬下美丽非凡。

胡马雍陵（Mausoleum of Humayun）

巴布尔大帝虽然一手创建了莫卧儿王朝，但他在印度没有留下什么建筑，其子胡马雍的陵墓（Humayun）是莫卧儿王朝最重要的一座建筑。陵园占地10 万平方米，陵墓基座为方形，圆顶高 38 米，是印度伊斯兰建筑史上的一个

胡马雍陵

重要分水岭。红砂岩和白色大理石砌筑的建筑，雕刻精致，对以后的印度伊斯兰建筑都有重要影响。

胡马雍陵位于庭园的中央，庭园被水渠划分成"田"字形，每块又被划分成更小的正方形，构成严谨的几何图案。这种构思来自波斯，被称为"四分庭园"，胡马雍陵是四分庭园在印度首次大规模应用。

整个陵园坐北朝南，平面呈长方形，四周环绕着长约2000米的红砂石围墙。陵园内景色优美，棕榈、丝柏纵横成行，芳草如茵，喷泉四溅，实际上是一个布局讲究的大花园。

泰姬·玛哈尔（Taj Mahal）

泰姬陵建于1631～1648年，由莫卧儿皇帝沙贾汗为纪念其宠爱的王妃亲自设计督建，是印度穆斯林艺术的宝石，也是受到普遍赞誉的杰出的世界文化遗产。

泰姬陵位于朱木拿河南岸，南北约560米，东西300米。总体布局很单纯，也很完美，陵墓是其唯一的构图中心。它不像胡马雍陵那样居于方形院落的中心，而是居于中轴线的末端，在前面展开的是典型的十字形小水渠划分的花园，因而有足够的观赏距离，视角良好。

　　进入大门是沿着水面的长长的林荫道，尽端才是陵墓。基坛为 95 米长的正方形，高约 7 米。四角的宣礼塔高 42 米，方形上殿每边宽 57 米，从基坛到大圆顶顶点高度为 58 米，建筑全部用白色大理石和镶嵌装饰。其总平面的布局依然是象征天国的"查哈尔·巴赫"式（Chahr Bagh，象征天国的四条河流划分成四等份的花园）。

泰姬·玛哈尔

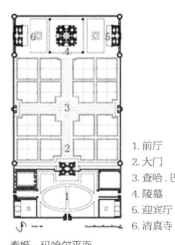

1. 前厅
2. 大门
3. 查哈.巴格水景
4. 陵墓
5. 迎宾厅
6. 清真寺

泰姬·玛哈尔平面

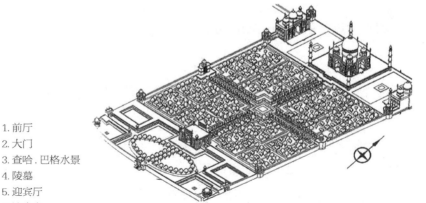

泰姬·玛哈尔全景

资料来源：王小东.伊斯兰建筑史图典.中国建筑工业出版社，2006.

2.5 现代景观的探索与发展

要点:

了解19世纪以来的现代景观发展

2.5.1 美国大型人造景观的发展

19世纪以来,昔日的贵族庭园对人们的吸引力日趋减弱,而城市公园却日益引起人们的普遍关注。这种城市公园的沿革,或许可以一直上溯到遥远的古代。自古希腊时代起,野外生活、社交活动、体育运动就盛行不衰,其结果与今天的公园多少有些特殊的关系。为进行体育运动而设置的体育场、祭祀各类神灵的林苑等,都可视为公园之一种。在古罗马的庞贝等遗址中,可以看到鳞次栉比的住宅四周,保留着一些带形空地,以供人们开展各类娱乐活动,这些星罗棋布的空地与今天的广场或小公园十分相似。到18世纪的伦敦,一些皇家苑囿和贵族庭园相继对普通市民开放,城市公园的设置和建设逐渐深入人心。

1)美国的城市公园运动与都市公园系统

城市公园运动

1865年历时四年的美国南北战争结束后,社会改良的乌托邦理想和景观设计实践结合起来,从而使美国景观设计师超越了只为少数上流社会和富裕阶层服务的狭隘天地,走向了大型人造景观的公共项目设计,从而使美国

340公顷的宏大面积使纽约中央公园与自由女神、帝国大厦等同为纽约乃至美国的象征。公园中有总长93公里的步行道,9000张长椅和6000棵树木,每年吸引多达2500万人次进出,园内有动物园、运动场、美术馆、剧院等各种设施,是普通公众休闲、集会的场所。数十公顷遮天蔽日的茂盛林木,成为城市孤岛中各种野生动物最后的栖息地

纽约中央公园首创的下穿式交通系统，创造了美国最早的
人车分离的交通组织体系

景观设计突破了小尺度的庄园场地规划和公共墓地设计，走上了塑造自我、摆脱欧洲景观设计传统束缚、探索自我发展的道路。

从美国景观设计发展历史看，美国城市公园运动的兴起是这一转折时期的开端，而 1857 年纽约中央公园的设计竞赛就是它的标志。

　　其中，公园的一个宏伟目标是为成千上万疲惫的工人服务。他们没有机会到上帝创造的乡村享受应该属于他们的假日，而花上一个月或两个月到怀特山（White Mountains）或阿迪朗达克（Adirondacksh）度假也是昂贵的。而中央公园使这变得容易起来。

——中央公园任务书，1858 年[1]

　　从这份任务书不难看出政府对民主目标的追求，以及赋予专业设计以社会责任的期望，这些构成了美国城市公园运动兴起的第一个因素；第二个因素是城市需要有满足市民休闲娱乐需求的公共活动空间；第三个因素是公共健康理论的发展，使人们开始关注城市开敞空间可以提供清新空气的积极功能；第四个因素是 1857 年美国经济恐慌造成大量工人失业，因此劳动密集型的城市公园建设成为政府为失业人员提供资助性工作机会的一种政治手段，使城市公园建设在某种意义上成为政府的一项公共复兴计划；最后也是最重要的因素是，工业化给美国带来了繁荣和富足，使这个年轻的国家有能力购买用于城市公园建设的大量土地，其数量远远超过了同期欧洲城市公园的建设规模。因此这一现象也被历史学家们称为"城市公园运动"。

　　纽约中央公园作为美国景观发展史上的一块里程碑，它所产生的作用和意义是多方面的。1857 年的纽约中央公园设计竞赛，内容包括一些特殊的要求，比如公园中需要有检阅场、游戏场、展览厅、大型喷泉、观景塔、花园和冬季可作溜冰场的水面等功能性空间。从这些设计要求可以看出，中央公园包含了

1　引自 Landscape in History，1998 年版，第 470 页。

尼亚加拉大瀑布群落所形成的宽深峡谷景观

当时人们头脑中理想公园的全部内容。它的意义不仅在于它是全美第一个并且是最大的公园，还在于在其规划建设中，诞生了一个新的学科——景观设计学。作为美国第一个向公众提供文体活动的城市公园，中央公园预见了未来美国社会生活中人们的生态观、娱乐观的变化，反映了纽约人渴望奔向绿色、追寻自然的内心情感。

都市公园系统

19世纪晚期城市公园运动发展的另一个显著特点是系统和整体概念被引入公园设计中。从1872年开始，景观造园师（那时也被称为公园设计师）克利夫兰、奥姆斯特德和沃克斯、雅各布·魏登曼[1]、查尔斯·埃利奥特[2]就相继进行了都市公园系统的建议和实践，倡导从城市整体环境绿化出发的系统设

1　雅各布·魏登曼（Jacob Weidenmann，1829～1893年）：瑞士建筑师和工程师，1861～1868年任康涅狄格州哈特福德公园总监。1870年出版了《美化乡村住宅：景观造园手册》，被奥姆斯特德称为"工具书"，以后魏登曼与奥姆斯特德和沃克斯合作过很多项目。他是第一个提出建立一个专门的学校来发展景观建筑学专业的人。1900年哈佛大学首次设立了这个专业，为纪念魏登曼设立了魏登曼奖，奖励每年的优秀毕业生。
2　查尔斯·埃利奥特（Charles Eliot，1859～1897年）：1883～1885年间，埃利奥特在马萨诸塞州的布鲁克林师从奥姆斯特德，同时也致力于创造波士顿的大都市公园和开发空间系统，帮助建立了马萨诸塞州公共保护托管理事会——美国第一个自然风景历史保护权威机构。埃利奥特因此被称为美国"大都市公园系统之父"。埃利奥特发明了用半透明覆盖的方法来研究复杂现状的方法。

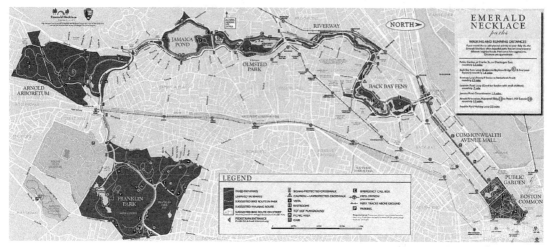

波士顿查尔斯河公园系统

计思路。著名的波士顿"蓝宝石项链"都市公园系统（1879～1895年），最初的城市整体环境规划构想由奥姆斯特德提出，埃利奥特在马赛诸塞州的公园系统设计中很快就突破了原来的设计范围，把区域范围的自然区也纳入城市公园系统规划中，表现出对自然区加以保护的新思想。

2）区域性公园运动

19世纪公园运动的另一个重要特征是区域公园系统的出现（1865～1930年）。区域公园系统的概念是：城市公园系统之外的大型自然保护区和自然风景保护区。它们通常由政府立法机关授权进行开发建设，分为"州级公园"（State Park）和"国家公园"（National park）两个等级。它们是继城市公园之后更大规模的公园建设运动。尤其在20世纪30年代，它们成为美国公园建设的景观设计的主流。从西方公园发展的历史看，国家公园和州级公园的景观设计起源于18世纪末或19世纪早期英国自然式风景园。

州级公园的发展

在奥姆斯特德的积极建议下，1864年6月30日林肯签署了国会通过的将"约瑟米蒂山谷和Big Trees的马利波萨格鲁夫（Mariposa Grove）"作为"满足公共使用、度假和娱乐"的法案，拉开了区域公园运动的序幕。

1864年约瑟米蒂州级公园成立后的20年间，美国州级公园的建设一直处于停滞不前的状态，直至 1885 年，纽约州设立了尼亚加拉瀑布保护区（Niagara Fall Reservation）和纽约州属的阿迪朗达克森林保护区，才打破了这个局面，并在其后取得了很大的发展。其中包括 1891 年建立艾塔斯卡（Itasca）湖州级公园；1892 年建立了由米德尔塞克斯丘林和布鲁希尔两个林区组成的保护区，这是第一个州级公园系统；1900 年沿纽约和新泽西哈德逊河西岸狭长的坡地建起了帕利塞兹（Palisades）州级公园；以及 1926 年的长岛州级公园，1927 年加利福尼亚州级公园，1929 年的芝加哥"库克（Cook）县森林保护区"州级公园等，并相继成立了"州级公园协商会"，点燃州级公园运动的热情。

国家公园的发展 [1]

1872 年 3 月格兰特（Glant）总统签署了在"蒙大拿和怀俄明交界处"建立美国第一个国家公园的法律文件，即现在的"黄石公园"。1890 年代加利福尼亚州陆续建立了红杉树公园（Sequoia National Park）、约瑟米蒂国家公园和 Tiny General Grant 国家公园。1899 年华盛顿州的蒙特雷尼尔（Mount Rainier）火山区被设立为国家公园。1902 年俄勒冈州建立了克雷特（Crater）湖国家公园，这是一个可以从事科学研究和考查的国家公园。1906 年 6 月 8 日国会颁布了《古迹法案》（也被称为"Lacey"法案），紧接着 1906 年 6 月 29 日建立了"Mesa Verde"国家公园，这两件事表明美国国家公园的发展由原来对自然资源和自然景观的保护，进一步拓展到对历史遗迹和美国西南部印第安文化的保护上来。

总的来说，从第一个州级公园建立到 1929 年的 65 年间，区域公园运动已经获得了公众的支持，它的发展大致可以归纳为三个阶段：

1）1864 年到 1809 年，拯救因探险活动和西部开拓而遭受到破坏的自然风景。

2）1908 年到 1917 年公园建设的组织化和合法化。

3）1917 年到 1929 年，促进公众使用州级公园资源以及对州级公园娱乐功能的开发。

---

1 陈晓彤著 . 传承 · 整合与嬗变：美国景观设计发展研究 [M]. 东南大学出版社，2005.

2.5.2　英国景观设计师杰里科的设计 [1]

杰弗里·杰里科 (Geoffrey Jellicoe)，是 20 世纪英国景观设计的代表人物之一，他经常在现代主义和古典世界之间来回穿梭，而且坚信这两种风格都是非常有必要的。他的这一思想使他在后现代主义时期受益匪浅。杰里科的作品同时还受到著名画家克利的影响，具有超现实主义的特点，梦幻而神秘的鱼形水面、弯曲的水道、不规则的曲线花坛等构成梦幻般的神秘场景。

从杰里科的作品中可以看出，场所精神是作品的核心。建筑融合于景观之中，而不是场地的中心。在杰里科那个时代，花园设计常常是环境设计的一小部分，建筑是景观的主导因素。杰里科多次阐述了景观设计和建筑的关系，他认为应该消除建筑与园林严格的界限，景观将超越建筑成为艺术之母。

杰里科的作品，无论项目大小，尺度总是亲切宜人。他喜爱并在作品中大量运用古典园林的要素，如绿篱、雕塑、链式瀑布、远景等。也在其中运用了许多其他传统园林的要素，如凉亭、坐椅、藤架、瓶饰和花篮等。这使得他的作品带有浓厚的古典色彩。

长平台和长长的步道是杰里科非常喜爱的要素，他用长平台或长步道联系一系列单独的有时相对封闭的花园空间，使之具有很好的整体感，同时也引导人们体验不同的空间，获得意想不到的感受。水是作品中的精华。

视景线是杰里科从古典园林中获得的又一个重要的要素。有时，他用长平台、长道或链式瀑布来引导视线，有时又通过植物种植留出深远的视景线。

肯尼迪总统纪念园

1963 年 11 月 22 日肯尼迪总统遇刺后不久，英国政府决定在兰尼米德（runnymede）一块可以北眺泰晤士河的坡地上建造一个纪念花园。杰里科的设计用一条小石块铺砌的小路蜿蜒穿过一片自然生长的树林，引导参观者到山腰的长方形纪念碑。纪念碑和谐地处在英国乡村风景中，像永恒的精神，给游人凝思遐想。白色纪念碑后面的美国橡树在每年 11 月份叶色绯红，具有强烈的感染力，这正是肯尼迪总统遇难的季节。再经过一片开

1　参考：王向荣，林菁著.西方现代景观设计及其理论 [M]. 中国建筑工业出版社，2002.

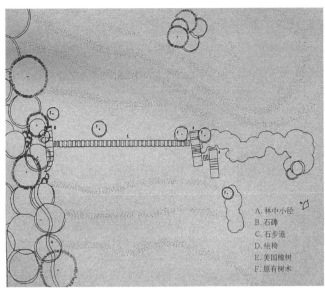

A. 林中小径
B. 石碑
C. 石步道
D. 坐椅
E. 美国橡树
F. 原有树木

肯尼迪总统纪念园平面
资料来源：王向荣，林菁 . 西方现代景观设计及其理论 . 中国建筑工业出版社，2002.

肯尼迪总统纪念碑

阔的草地，踏着一条规整的小路便可到达能让人坐下来冥想的石凳前，这里俯瞰泰晤士河和绿色的原野，象征着未来和希望。杰里科希望参观者能够仅仅通过潜意识来理解这朴实的景观，使参观者在心理上经过一段长远而伟大的里程，这就是一个人的生、死和灵魂，从而感受物质世界中看不到的生活的深层含义。

莎顿庄园

位于吉尔德福德的莎顿庄园始建于 1521 年，建筑是中世纪和文艺复兴的过渡形式，布朗等人曾为这里作过设计，但后来都消失了，只留下了 U 形的朝北住宅，西面有一个辅助庭院，一条长长的轴线从入口主路穿过入口庭院和住宅中心。

1980 年杰里科为这里作了景观设计，被认为是他的巅峰之作。这

莎顿庄园平面
资料来源：王向荣，林菁 . 西方现代景观设计及其理论 . 中国建筑工业出版社，2002.

莎顿庄园的水池和英国艺术家尼科尔森创作的
白色大理石几何雕塑

莎顿庄园的伊甸园

资料来源：王向荣，林菁.西方现代景观设计
及其理论.中国建筑工业出版社，2002.

个设计在许多方面受到意大利文艺复兴园林的影响，杰里科试图赋予园林一些含义，是要隐喻人在宇宙中的位置等一系列的事物和思想（西方相关内容与中国有一定区别，他们的主要精神支柱是基督教，人在宇宙中的位置只是上帝的奴仆，是有原罪的，现世只为求得救赎），因此设计中精妙地运用了水的冥思和纪念效果，平面布局以十字架的形式展开，设有苔园、秘园、伊甸园等隐喻的小园子，鱼形的池塘和小湖，隐喻水和更神秘的东西，它与周围的小山精心组合，代表着阴阳结合（水为阴，山为阳），整个园林似乎微妙地隐藏着一些当今世界之外的东西。杰里科认为，景观是历史、现在和将来的连续体，是现存轴线，是景线和原先设计者可能的设计意图的发展。

2.5.3　麦克哈格与生态景观规划的发展

雷切尔·卡森（Rachel Carson）的《寂静的春天》被称为"是第一部由科学家为全球准备的强大宣言"，它直接刺激了 20 世纪 60 年代以后公众对环境态度的转变。

1969 年麦克哈格出版了《设计结合自然》一书，核心思想就是强调把对自然过程的理解作为规划设计的一个基本条件，并主张在从事景观资源分析和景观设计时，把自然科学家、生态学家以及景观设计师组织到一个理性的工作系统中。

1971 年麦克哈格设计小组开始着手位于得克萨斯州休斯敦北部的伍德兰

兹新城规划，它是美国第一个基于综合生态研究和分析进行的新城规划。新城范围的开敞空间分为三个层次：第一层是具有生态保护价值的水文、野生动植物和植被保护区的开敞空间，包括有百年历史的部分漫滩地、现有的溪流、植被、娱乐区和野生植被。第二层是涵盖所有开发区范围的开敞空间，包括自然生态排水系统，但不包括沼泽地、暴雨枯竭区、暴雨填充区和池塘等地区。第三层是部分开发区的开敞空间，如私人开发区、住宅附近的小型绿化区等，为美国东部沿海地区的城镇建设提供了生态设计的范例。

生态原则指导下的景观规划实质上就是把景观设计过程与生态过程相协调，在现有技术和生态理论指导下，把对环境的改造或破坏控制在最低限度。在整个 20 世纪 70 年代，受到环境保护主义和生态思想的影响，大多数景观设计师开始将设计结合生态、设计结合自然的思想贯穿其设计活动的始终。

2.5.4　现代雕塑与大地景观

1）大地艺术与景观

1960 ~ 1970 年代，在美国，一些艺术家，特别是极简主义雕塑家开始走出画廊和社会，来到遥远的牧场和荒漠，创造一种巨大的超人尺度的雕塑——大地艺术（Land Art 或 Earthworks）。

早期的大地艺术作品往往置于远离文明的地方，如沙漠、滩涂或峡谷中。著名的例子有 1970 年艺术家史密森（Robert Smithson，1938 ~ 1973 年）的"螺旋形防波堤"（Spiral Jetty），1977 年艺术家德·玛利亚（Walter De Maria 1935 年）的"闪电的原野"，以及著名的"包扎大师"克里斯多（Jaracheff Christo）的"流动的围篱"等。在高度世俗化的现代社会，当大地艺术将一种原始的自然和宗教式的神秘与纯净展现在人们面前时，大多数人多多少少感到一种心灵的震颤和净化，它迫使人们重新思考一个永恒的话题——人与自然的关系。

景观设计师在探索现代景观设计的发展道路上，受到极简主义的启发，总结出适合景观设计

闪电的原野

流动的围篱
资料来源: 王向荣，林菁. 西方现代景观设计及其理论.
中国建筑工业出版社，2002.

野口勇的"加州剧本"
资料来源: 王向荣，林菁. 西方现代景观设计及其理论. 中
国建筑工业出版社，2002.

的简洁、抽象、神秘、壮观的设计风格，主要代表人物包括丹·克雷、野口勇、乔治·哈格里夫斯、彼得·沃克等。

较早尝试将雕塑与景观设计相结合的人，是艺术家野口勇（Isamu Noguchi 1904 ~ 1988 年）。这位多才多艺的日裔美国人一直致力于用雕塑的方法塑造室外的土地，在许多游戏场的设计中，他把地表塑造成各种各样的三维雕塑，如金字塔、圆锥、陡坎、斜坡等，结合布置小溪、水池、滑梯、攀登架、游戏室等设施，为孩子们创造了一个自由、快乐的世界。野口勇最著名的园林作品是 1956 年设计的巴黎联合国教科文组织总部庭院。这个 0.2 公顷的庭院是一个用土、石、水、木塑造的地面景观，今天，庭院已经因树木长得太大而不易辨认了，但是树冠底下起伏的地平面的抽象形式，仍然揭示了艺术家将庭院作为雕塑的想法。

经过几十年的发展，今天大地艺术已成为景观设计的有效手段之一，在很多室外环境设计中，都可以看到大地艺术的影子。华盛顿的越南阵亡将士纪念碑（Vietnam Veterans Memorial），是 20 世纪 70 年代"大地艺术"与现代公共景观设计结合的优秀作品之一，设计者是美籍华裔女建筑师林璎。作品体现了设计者对大地的解剖与润饰，表现出现代景观设计在精神层面上的探索。

纪念墙由两片巨大的黑色石墙组成，呈大写字母 V 形，上面刻着 5.8 万多名美国军人的名字。设计如同大地开裂接纳死者，具有强烈的震撼力。它那光亮的黑色石头像一面镜子，使参观者感觉融入其中，也成为纪念墙的组成部分。

如同大地开裂接纳死者的设计效果

美国越战阵亡将士纪念墙

　　大地艺术对景观设计的一个重要影响是带来了艺术化地形设计的观念。在此之前，景观设计的地形处理一般无外乎两种方式：由文艺复兴园林和法国勒诺特园林发展而来的建筑化的台地式，或由英国风景园传统发展而来的对自然的模仿和提炼加工的形式。

　　大地艺术的出现令人振奋。它以土地为素材，用完全人工化、主观化的艺术形式改变了大地原有的面貌。这种改变并不如先前有人所想象的丑陋生硬或与环境格格不入，相反，它在融于环境的同时也恰当地表现了自我，带来视觉和精神上的冲击。这一现象令景观设计师受到启发和鼓舞：原来大地可以这样改变！于是，随着大地艺术的被接受和受推崇，艺术化的地形设计越来越多地体现在景观设计中。

　　不可否认，大地艺术是从雕塑发展而来的，大地艺术的思想和手法在当代景观规划设计的发展中起到了不可忽略的作用，促进了现代景观规划设计一个方向的延伸。

2）大地艺术与城市废弃地更新

　　许多大地艺术作品表现出非持久和转瞬即逝的特征，对景观设计师有很大的启发。一些设计师重新审视景观的意义，开始将景观作为一个动态变化的系统，设计的目的在于建立一个自然的过程，而不是一成不变的如画景色。

　　20 世纪 90 年代以后，在德国出现了以大地艺术手段参与废弃地更新的大量实例。这些地方所显现出来的文明离去后的孤寂荒凉的气氛和给人的强烈深

杜伊斯堡风景公园

矿坑原有的传送带保留下来，作为艺术作品

沉的感受与大地艺术的主题十分贴切。一方面，它对环境的微小干预并不影响这块土地的生态恢复过程；另一方面，在遭到破坏的土地的漫长生态恢复过程中，它以艺术的主题提升了景观的质量，改善了环境的视觉价值。因此大地艺术也成为各种废弃地更新、恢复、再利用的有效手段之一。

德国科特布斯地区，一百多年煤炭的开采留下了荒芜的、失去了自然生机的环境和数十座巨大的 60 ~ 100 米深的露天矿坑。为了使这一地区尽早恢复生气，20 世纪 90 年代这里不断邀请世界各国的艺术家，以巨大的废弃矿坑为背景，塑造大地艺术的作品。不少煤炭采掘设施如传送带、大型设备甚至矿工住过的临时工棚、破旧的汽车也被保留下来，成为艺术品的一部分。矿坑、废弃的设备和艺术家的大地艺术作品互相交融，形成荒野的、浪漫的景观，一起等待自然的恢复过程。

20 世纪 90 年代，德国鲁尔区的国际建筑展埃姆舍公园中，有许多利用工业废弃地建造的园林，其中相当一部分融入大地艺术设计手法。如在景观设计师拉茨（Peter Latz）设计的杜伊斯堡风景公园和在景观设计师普里迪克（Wedig Pridik）与弗雷瑟（Andreas Freese）以及建筑师与艺术家合作设计的格尔森基尔欣公园中，地形的塑造、工厂中的构筑物甚至是废料等堆积物都如同大地艺术作品。这个项目的特点之一就是以生态的手段来处理这个大型的工业废墟。从人类开始撤离的那一刻起，植物开始疯狂地生长，雨水积满了凹地和露天蓄水池，鸟类和昆虫又返回了这片"不毛之地"。设计师在最大程度上保留了这个"不请自来"的生态环境，并几乎保留了所有的构筑物、利用原有的废弃材料建造公园，赋予其新的意义和用途。

科特布斯褐煤矿区的一个露天矿坑   原有设备留下来，作为艺术作品
资料来源：王向荣，林菁.西方现代景观设计及其理论.中国建筑工业出版社，2002.

格尔森基尔欣公园   拜斯比公园的电线杆场
资料来源：王向荣，林菁.西方现代景观设计及其理论.
中国建筑工业出版社，2002.

    大地艺术对于提升现代景观设计的艺术性起了很大作用，而且许多大地艺术所蕴含的生态思想对景观也很有启发，也使得景观设计的思想和手段更加丰富。当然极简主义、大地艺术并不是给景观设计师提供一种答案，而是对景观的再思考。

    美国景观设计师哈格里夫斯的代表作拜斯比公园 (Buxbee Park)，位于加州帕罗·奥托市 (Palo Alto)，也是一个化腐朽为神奇的大地景观杰作。设计将一个占地 30 英亩（约 12.14 公顷）的垃圾填埋场变成了一个特色鲜明的滨水公园。在覆土层很薄的垃圾山上，小心翼翼地进行地形塑造；由高速公路的隔离墩形成的 V 形臂章序列，成为公园附近机场跑道的延伸；象征性的电线杆场与土山上起伏的实的表面形成了强烈的场所感；长明的沼气火焰时刻提醒人们基地的历史，从而给人们以无限的遐想。

中国古长城　　　　　　　　　　　　埃及金字塔的景观效果

3）人类历史上的大地艺术景观

事实上，所谓创造，在人类远古时代就是对自己所认识了解的事物的一个模仿和比拟的过程。大地景观的艺术形式在自然界和人类历史上其实一直都是存在着的，只不过在工业社会蒸汽机的发明彻底改变了人类的时空观念之前，很多这样的景观艺术不能够被人们所认知和加以模拟，如古埃及的金字塔、中国的万里长城。

2.5.5　后现代主义的景观实践与探索

从思想观念上看，广义的后现代主义是对现代主义的批判。1977 年英国著名建筑评论人查尔斯·詹克斯在《后现代建筑语言》一书中，为后现代主义建筑归纳了六个特征：（1）历史主义；（2）直接的复古主义；（3）新地方风格；（4）文脉主义；（5）隐喻和玄想；（6）后现代式空间（或被称为超级手法主义）。当后现代主义建筑师以历史片段、符号、隐喻、媚俗、戏谑等手法张扬自我和取悦大众时，景观建筑师在这种新风格的鼓舞下，也开始了景观设计领域中后现代主义的试验性探索。

1）解构主义与拉·维莱特公园

解构主义是从结构主义演化而来，因此，它的形式实质是对结构主义的破坏和分解。解构主义哲学思潮，于 20 世纪 70 年代初出现后渗透到建筑界逐渐演变成为一种建筑思维，一些先锋派建筑师开始将解构主义理论用于建筑实践。解构主义建筑师设计的共同点是赋予建筑物各种各样的形态，而且

体现着机械之美的拉·维莱特公园

拉·维莱特公园的红色节点

与现代主义建筑显著的水平、垂直或这种简单集合形体的设计倾向相比，解构主义的建筑更倾向于运用相贯、偏心、反转、回转等不安定且富有动感的形态。解构主义最大的特点是反中心，反权威，反二元对抗，反非黑即白的理论。拉·维莱特公园是解构主义运用到景观设计的一个典型例子。

拉·维莱特公园的竹园

设计师屈米通过一系列手法，把园内外的复杂环境有机地统一起来，并且满足了各种功能的需要。基址按 120 米 ×120 米设计了一个严谨的方格网，在方格网内约 40 个交会点上各设置了一个耀眼的红色建筑——"folie"，它们构成园中"点"的要素。每一个 folie 的形状都是在长宽高各为 10 米的立方体中变化。folie 的设置不受已有的或规划中的建筑位置的限制。巴黎拉·维莱特公园的一组建筑中，一个从窗子伸到屋顶的爬梯，是对门、窗对立的消解。这个爬梯暗喻着窗子可以有门的功能，模糊了门与窗之间的界线。

拉·维莱特公园的设计理念当时具有一定的先进性，但这种建筑化的思路不幸走向了极端，结果丢掉了园林崇尚自然的本质属性，成为当代法国景观设计师批评园林建筑化设计语言的实例。

在拉·维莱特公园之后，解构主义景观仍然进行了一定的探索与实践，其中包括爱悦广场演讲堂前庭广场、西雅图高速公路公园、VSB 公司绿篱花园、Interpolis 公司总部花园等。

2）墨西哥的巴拉干与本土景观

墨西哥是美洲文明古国，印第安古文化中心之一，闻名于世的玛雅文化、托尔特克文化和阿兹特克文化均为墨西哥古印第安人创造。公元前150～公元50年左右兴建于墨西哥城北的太阳金字塔和月亮金字塔是这一灿烂古老文化的代表。面对着一个丰富多彩的世界和各种外来文化，墨西哥人更懂得以一种宽广的胸怀来接纳它们，吸收它们，而不是拒绝它们，排斥它们。

20世纪，墨西哥设计师巴拉干（Luis Barragun）将乡土文化、殖民文化和自然景观融为一体，形成了推崇平静、有深度的景观特色和风格，尤以对水景的应用独具匠心。

巴拉干的园林与建筑有着明显的极少主义倾向，一堵白墙，一条巨型溢水池，或是一处落水，一棵大树，就能创造出极其宜人的环境。他所用的都是最平常的几何形态，却宁静致远，令人心旷神怡。同时这些极其简单的形体使用的是地方性的材料和丰富的色彩，使得它们又没有现在极少主义作品中的冰冷感，而是温暖而近人。巴拉干的这种极简主义的倾向也和他童年时期成长的小村庄环境有关。他常常回忆起那个街道崎岖不平的山地村庄，有着红色陶瓦屋顶的白色的房子，在水和阳光掩映下平静安详。这些小时候的体验都让他感受到了简洁的极度美丽。

各种色彩浓烈鲜艳的墙体的运用是巴拉干设计中鲜明的个人特色，它们

西雅图高速公路公园景观
资料来源：王向荣，林菁.西方现代景观设计及其理论.
中国建筑工业出版社，2002.

拉斯阿博雷达斯居住区中的饮马槽广场

来自于墨西哥传统而纯净的色彩。这种彩色的涂料并非现代的漆料，而是墨西哥市场上到处可见的自然成分染料。是用花粉和蜗牛壳粉混合以后制成的，常年不会褪色。巴拉干对色彩的浓厚兴趣使得他不断在自己的设计作品中尝试着各种色彩的组合。他能够极好地驾驭各种艳丽的色彩能力，使几何化的简单构筑物透出丝丝温情，他的色彩实际上是在毫无羁绊地表达着作者的各种情感与精神。

巴拉干作品中阳光的运用可谓作品中的点睛之笔，将自然中的阳光与空气带进人们的视线与生活，并且与那些色彩浓烈的墙体交错在一起，使两者的混合产生奇异的效果。在饮马槽广场的水池尽端，一堵纯净简单的白墙在树影的掩映下拥有了生动的表情。地面的落影，墙面的落影，水中的倒影构成了一个三维的光的坐标系，一天之中随着光线的变化缓缓移动旋转，像一种迷离的舞蹈。白墙上婆娑的树影就好像自然通过阳光空气与植物在建筑上留下的诗意画卷，这是建筑与自然的对话。

3）马萨·施瓦茨与面包圈花园

1980 年玛莎·施瓦茨在《景观建筑》杂志发表的"面包圈花园（Bagel Garden）"设计作品，在美国景观设计领域引起了对后现代主义景观设计的广泛讨论，它也被认为是美国现代景观设计尝试后现代主义的第一例。

玛莎·施瓦茨的作品的魅力在于设计的多元性。她的作品受到"极简主义"、"大地艺术"和"波普艺术"的影响，她根据自己对景观设计的理解，综合运用这些思想中她认为合理的部分。从本质上说，她更是一位"后现代主义"者，她的作品表达了对"现代主义"的继承和批判。

花园空间被高度为 16 英寸的绿篱分割成意大利式的同心矩形构图，两个矩形之间铺着宽度为 30 英尺宽的紫色沙砾，上面排列着 96 个经过处理的、不受气候影响的面包圈。小的矩形内以 5×6 的行列关系种植着 30 株月季。场地中还保留了象征历史意义的两棵紫杉、一棵日本枫树、铁艺栏杆和石头铺砌的路牙。设计的最大特点就是把象征傲慢和高贵的几何形式和象征家庭式温馨和民主的面包圈并置

玛莎·施瓦茨的面包圈花园

在一个空间里所产生的矛盾，以及黄色的面包圈和紫色的沙砾所产生的强烈色彩对比。这个迷你型的庭园以具有历史风格的树篱、紫色的沙砾和隐喻波士顿贝克湾（Back Bay）地区兵营式邻里文脉的面包圈，构成了后现代主义思想的缩影，开启了小尺度景观设计的新视野，从而使这个迷你花园在学术和艺术两个方面成为新设计的导向。

4）美国万圣节（Harlequin）广场

1983年美国著名的景观设计事务所SWA为约翰·马登（John Madden）公司位于科罗拉多州格林福里斯特村庄的行政综合区一组办公楼设计的万圣节广场，不仅体现出文艺复兴式的历史主义风格特征，并且以超现实主义的手法消解了场所中景观体验主体。

这个占地1英亩的广场实际上是一个双层停车场的屋顶，考虑到屋面结构承重能力，景观设计只能在50米×100米的场地中部一条12米宽的狭窄空间中展开。在设计中，SWA选择了一系列意想不到的参考点，来解决广场与周围幕墙建筑和落基山狭长景观的关系。重点强调远处落基山的景观，同时削弱突出屋面的机械设备对花园的视觉干扰。

设计中采用了大量的镜面材质、倾斜的体量、产生错视的黑白菱形水磨石铺地，这种充满动感的姿态和黑白两色的水磨石地面，构成了视觉上的迷惑和不确定性。利用镜面玻璃的镜像效果放大了人们所看到的真实尺度，将人这个场所体验主体消解为迷幻场景的一份子。最后，设计者以喷泉水池为刃，在广场中间楔入一个狭长的切口，将广场一分为二，使两栋建筑都有独自的公共空间。在这个狭长的切口里，传统的喷泉水渠和花草并置一处，令人在这个意想不到、充满幻想又有点迷惑的超现实空间里，寻找到一个现实的支点。[1]

万圣节广场
资料来源：陈晓彤．传承·整合与嬗变：美国景观设计发展研究．东南大学出版社，2005.

1　陈晓彤著．传承·整合与嬗变：美国景观设计发展研究 [M]．南京：东南大学出版社，2005.

2.5.6　现代景观的特征及发展趋势

1）现代景观的特点

现代意义上的景观规划设计，因工业化的破坏而兴起，以协调人与自然的关系为己任。与以往的造园相比，最根本的区别在于，现代景观规划设计的主要创作对象是健康的人类家园，即对人类生存环境的整体的生态考虑，强调人类发展和资源及环境的可持续发展。

与古代服务于少数人的景观园林不同，现代的景观强调面向群众的观念，其核心是协调人与自然的关系，场地尺度大，服务范围广。

把景观当作一种资源，加以评估、保护和开发，是现代景观规划设计中的另一重要领域。从广义的角度来讲，这一研究实践和健康的人居环境建设紧密相连，不仅涉及建筑、规划、景观三个方面的内容，还包括社会学、哲学、地理文化、生态等各个方面。与纯艺术专业相比，景观从一开始就与人类生活密切相关，是人类科学与艺术相结合的产物。景观学的知识构成包括工学、林学、农学等多学科领域，科学成份远大于艺术。也正因为如此，景观设计在环境恶化、自然灾害频发的今天，担负起了保护绿色家园和生态环境的重任。

由于自然反馈的缓慢和滞后，景观设计还表现出了时间长久性的特征。现代的建筑建造或许不再需要太长的时间，而景观不仅需要时间等待植物枝繁叶茂，更需要漫长的时间等待"沧海变为桑田"的生态效应显现，等待自然艺术之瑰宝闪烁光芒，这或许需要百年甚至千年的规划设计与保护。

另外，一个影响深远的景观规划一方面具有实用性，另一方面还要具有精神含义。现代景观发展到今天，一个重要特征即强调本土文化，强调景观的精神内涵，这是景观设计伴随人类文化一起成长的特征之一，和建筑艺术一样，突破了现代主义的羁绊，正走在探索新理念、新形式的路上。

2）现代景观的发展趋势 [1]

18 世纪以前，欧洲景观基本上仅限于造园术的发展。19 世纪中叶奥姆斯特德在纽约中央公园中首先倡导了景观空间设计，新的理念体现为：都市景观

1　参考：刘滨谊著 . 现代景观规划设计 [M]. 南京：东南大学出版社，2010.

空间应该是向内看的，应是尺度巨大的，而在许多形式多样而丰富的单体中又要尽量缩小。在此之后，诸多城市景观实践证明，景观不仅仅事关环境和生态，还关系到整个国家对于自己文化身份的认同和归属，因此各种景观设计倾向应运而生。

① 人文化倾向

    ·历史保护

    ·自然景观中赋予文化主题

    ·历史景观的改造

② 环境再生倾向

    ·后工业时代景观，包括工业遗址改造、利用工业旧址的景观再设计

    ·复式景观，都市公共空地的主要类型

③ 科技与工业化倾向

    ·使用喷雾装置降低温度

    ·特殊绿化的广泛开发与使用

④ 生态化倾向

    ·生态治理

    ·生态改造利用、生态旅游

⑤ 艺术化与个性化倾向

    ·特殊气氛

    ·具有开放式结局的参与性景观

    ·地方特色

    ·表达寓意的景观艺术

这些设计理念和设计倾向，使景观设计的发展逐步从静态走向动态、从平面走向立体空间，注重设计结合自然，回归自然，将自然带入城市中心；注重生态意识，注重为人类聚居而进行健康的景观设计和改造。到19世纪下半叶还出现了国家公园运动，以历史名胜作为历史价值观念的载体，风景名胜区环境作为人类感知世界的课堂，使景观成为人类精神和历史的延续和组成部分。相对的，现代的庭园景观则更加强调其个性化的特征，强调建筑与景观环境的完美结合。

2.6　中国现代景观发展的思索

要点:

思考中国现代景观的发展

　　本节介绍了中国传统造园艺术的历史地位及其影响，并希望能够引导学生对中国现代景观的发展进行有益的思考。

2.6.1　中国传统造园艺术的历史地位及其影响

　　中国传统造园艺术曾经对 18 世纪的欧洲造园活动产生了深刻的影响。在中西文化交流史上，中国造园艺术在欧洲的影响，情况之烈，时间之长，范围之广，程度之深，都是少有的。它牵动了诸多欧洲 18 世纪最杰出的知识分子，包括英国的坦伯尔、谢夫兹拜雷、艾迪生、蒲伯，法国的伏尔泰、卢梭、狄德罗和德国的康德、歌德、席勒。

　　18 世纪上半叶的毛纺织工业使草地牧场的审美价值被人们所认识，英国人很快抛弃了法国古典主义园林，兴起了一种新的园林——自然风致园（Landscape Garden）。18 世纪下半叶，随着浪漫主义潮流的发展，这种园林又进一步发展成图画式园（Picturesque Garden）。这两种园林的形成，都受到过中国造园艺术的推动。因此，中国造园艺术主要通过自然风致园和图画式园在法国流行起来。不久之后，流行到德国、俄国，直至整个欧洲。

　　1779 年，德国的一位美学教授赫什菲尔德（Christian Cajus Lorenz Hirschfeld，1742 ~ 1792 年）在《造园学》（Theorie der Cartenkunst）里写道："现在人建造花园，不是依照他自己的想法，或者依照先前的比较高雅的趣味，而是只问是不是中国式的或英中式的。" 1756 年薛拜尔（John Shebbear）在一封信里说："家里的每一把椅子、镜框和桌子，都非中国式不可；墙上糊着中国的壁纸……对中国建筑的爱好已经泛滥，以致如果一个猎狐人因追逐猎物跳过门槛而跌断了腿，却发现这门不是一个四面八方都是七零八碎的木片的中国式门，他就会感到悲哀。"[1]

　　然而，对于欧洲各国而言，这一场造园艺术的"中国风"，正如著名建筑

1　陈志华著．中国造园艺术在欧洲的影响 [M]．山东画报出版社，2006．

哈佛大学研究生宿舍楼与几何式庭院形式的完美切合

师伊利尔·沙里宁在《形式的探索》中所说"异地采摘的花朵，美，但并无根基"。由于离开了中国哲学、美学和思想文化的滋养，18 世纪欧洲的中国式园林鲜有成功者。

早在 17 世纪末热情赞美中国造园艺术的坦伯尔爵士，曾经说过一句非常明智的泄气话。他说，中国的园林虽然富有想象力，又美丽悦目，"但我不想劝告我们中的任何一位去尝试这种园林，尝试是冒险，对普通的人来说，要想成功是太难了；虽然，如果成功了，能得到很大的荣誉，但是，失败了，就会丢尽脸面，而成功率只不过 1/20；至于规则式的花园，总不太可能犯重大的、显著的错误"。[1]

钱伯斯等西方造园名家能够看到中国园林的特色，却苦于难以模仿。因此，当时很多欧洲的著名造园家洁身自好，不肯参与其中。由于不能理解中国园林的精髓，很多建造起来的所谓中国园林，常常十分拙劣，有时格调粗俗，不伦不类。

直至鸦片战争之后，"中国热"才完全消退了。但是，欧洲的造园艺术也没有回到纯净的古典主义去，至今仍以自然风致园为基调。所以，可以说，中国造园艺术在欧洲的影响一直维持到现在。

2.6.2　发展中国现代景观的基础

中国古典园林"走向世界"的时候，西方人并没有真正看清楚它的民族特色和它所蕴含的民族文化；在它"退出世界"的时候，它们并没有丧失民族特色和所蕴含的民族文化，不过被世界看得比较清楚一点罢了。

18 世纪末由英国派往中国的第一位特使马戛尔尼这样描述中国园林和建筑："中国建筑风格独特，绝不同于其他，不合乎我们的规则，但跟他们自己的规则相合。它不背离它自己具有的某种原理，但如果用我们的原理去考察，它违反了我们学到的关于配置、构图和比例的观念，但总体来说，它通常是赏心悦目的；就像我们有时见到一个人脸上五官没有哪件是端正的，然而却相貌

1　陈志华著 . 中国造园艺术在欧洲的影响 [M]. 山东画报出版社，2006.

堂堂。"

艺术形式背后的哲学与文化是一脉相承的，中国现代景观设计需要立足于充分了解本土的自然景观和历史文脉的基础上。正如现代主义建筑并不是偶然出现的适应工业时代的简单形式。事实上，工业社会和现代主义建筑的身影都可以在西方人早期崇尚几何式农业景观、摹写第二自然的潜意识和几何化的哲学与自然科学观里找到源头。现代主义建筑净化浮躁装饰的过程，并不是真正完成了所谓的华丽转身，并非真正抛弃了古希腊罗马一脉相承的建筑艺术，它仅仅是在找不到方向和前进的力量之时，返回了自己文明和艺术的古老温床重新孵化，接受古代哲学和文明的再次洗礼。

中华民族的文明历时几千年而不衰，其中包含的智慧不容小觑。中国城市建设史上诸如杭州、苏州、南京、重庆，福州、赣州等自然形态的城市，遵循"因天时、就地利，故城郭不必中规矩，道路不必中准绳"的规划与审美思想，或依山，或傍水，都形成了结合自然的城市杰作。中国古典园林更是自成体系，并深深影响了西方自然风景园和现代景观的产生与发展。我国古典园林所体现的尊重自然、崇尚自然、阴阳调和、天人合一等哲学观和生态理念，在今天都不同程度地成了景观设计方面的热门话题。俗语说"树有多大，根有多深"，中国的现代景观不可能脱开本土文明独自长成参天大树，它只是民族文明之树在又一个春天里抽发的新芽，是顺利地长大、开花、结果，还是难以承受自然的洗礼而枯萎，要看我们今天是否在历史的根基里吸收了足够的营养。

当然，向其他国家和地区学习先进的设计理念、方法和科学技术，向自然学习人类基本的生存原则仍是必要的。客观地讲，东西方统治者在自己的宫苑互相模仿中并没有产生精彩之作，但在这个过程中人们受到的启发是巨大的。人类生存不断干扰到自然的生态过程，自然也一直以自身的方式给人类以反馈，迫使人类不断调整着自身的理念、手段和方法。

西方园林与中国古典园林相比，风格差异非常大，造成这种差异性的原因很多，要弄清楚这些原因，需要把眼光移到园林之外。今天的景观、公园、城市绿地和现代主义建筑等，对中国来说，只是一种舶来的概念，是无根之萍，真正的艺术仍然要走上依托于民族文化的创作之路。

本章扩展阅读：

1. 陈志华 . 外国造园艺术 [M]. 郑州：河南科学技术出版社，2001.

2. 周维权 . 中国古典园林史 [M]. 北京：清华大学出版社，1990.

3. 童寯 . 造园史纲 [M]. 北京：中国建筑工业出版社，1983.

4. 陈从周 . 说园 [M]. 上海：同济大学出版社，2000.

5. 章采烈编著 . 中国园林艺术通论 [M]. 上海：上海科学技术出版社，2004.

6.（明）计成著，陈植注释 . 园冶注释 [M]. 北京：中国建筑工业出版社，1981.

7. 童寯 . 江南园林志 [M]. 北京：中国建筑工业出版社，2000.

8. 王小东 . 伊斯兰建筑史图典 [M]. 北京： 中国建筑工业出版社，2006.

9.（美）霍格编 . 伊斯兰建筑 [M]. 杨昌鸣译 . 北京：中国建筑工业出版社 ,1999.

10.（英）特纳著 . 世界园林史 [M]. 林菁译 . 北京：中国林业出版社，2011.

11. 刘庭风著 . 日本园林教程 [M]. 天津：天津大学出版社，2005.

12. 王向荣，林菁著 . 西方现代景观设计及其理论 [M]. 北京：中国建筑工业出版社，2002.

13.（日）针之谷钟吉著 . 西方造园变迁史——从伊甸园到天然公园 [M]. 邹洪灿译 . 北京：中国建筑工业出版社，2004.

14. 张健主编 . 中外造园史 [M]. 武汉：华中科技大学出版社，2009.

15. 赵良主编 . 景观设计 [M]. 武汉：华中科技大学出版社，2009.

16. 陈晓彤著 . 传承·整合与嬗变：美国景观设计发展研究 [M]. 南京：东南大学出版社，2005.

17. 乐卫忠编著 . 美国国家公园巡礼 [M]. 北京：中国建筑工业出版社，2009.

18. 刘滨谊著 . 现代景观规划设计 [M]. 南京：东南大学出版社，2010.

19. 杨至德主编 . 风景园林设计原理 [M]. 武汉：华中科技大学出版社，2009.

3 景观设计的学科基础及功能分类

◆ 现代景观设计的学科基础

人体工程学

环境行为心理学

景观生态学

场所精神

景观形态学与景观美学

景观地理学

外部空间设计原理

广义人居环境理论

◆ 现代景观功能目标及案例分析

历史与环境保护型

城市、地域功能系统整合型

生态恢复建设型

隐喻教育型

人类"生活要求"型

第三章　景观设计的学科基础及功能分类

3.1　现代景观设计的学科基础

要点：

了解相关的基础理论

本节着重介绍几个与景观设计学科相关学科的基础理论及其与景观设计学科之间的联系，主要从学科介绍、引入景观设计的契机及作用、实际应用情况、未来发展趋势等方面出发，其目的是让大家初步了解景观设计相关理论的入门知识，为大家提供一个相对宽泛的专业知识概念范畴，以帮助大家在以后的学习过程中逐步扩展积累，强化景观设计学习的理论水平。

景观设计学是一门由各种基础学科的研究成果融合与交叉组合而成的新兴学科，其研究对象涉及气候、地理、水文等自然要素，也包含了人工构筑物、历史传统、风俗习惯、地方特色等人文元素，是一个地域综合情况的反映，涉及非常广阔的科学领域，涵盖哲学、美学、心理学、生态学、社会学、地理学、地形学、气象学、民俗学、语言学、符号学、文学、绘画以及造园学、建筑学、城市规划、土木工程、环境工程等多个学科领域。纵观国内外的景观设计专业教育，非常重视多学科的结合，包括生态学、土壤学等自然科学，也包括人类文化学、行为心理学等人文科学，还包括必要的空间设计基本知识。

3.1.1　人体工程学

人体工程学（Human Engineering），也称人类工程学或功效学（Ergonomics），是根据人体解剖学、生理学等方面的特性，了解并掌握人的活动能力及其极限，使景观环境与人体功能相适应的学科。良好的景观设计可以减轻人的疲劳，使人身体健康，心情愉悦，而良好的景观设计得益于正确

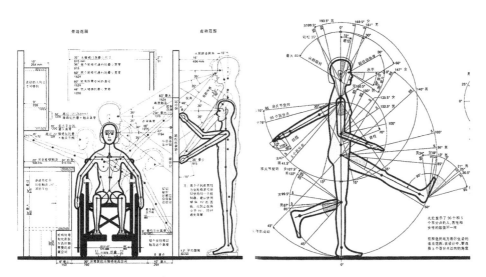

人体结构及基本活动尺寸示意

资料来源：徐军，陶开山编著.人体工程学概论.中国纺织出版社，2002.

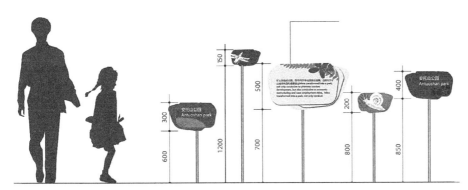

景观环境中运用人体工程学进行设计的尺度

环境景观中的设计与人的活动

地使用人体工程学的原理。人体工程学以"人"为中心，根据人的生理结构和活动需要等综合因素，充分运用科学条件和方法，使人的各种需求在设计中得到最大限度的满足，使景观的功能、形态、经济、技术等各方面因素达到优化组合。

人体结构尺寸是人体工程学研究的最基本的数据之一。人体工程学在景观设计中的有效应用，是研究人体活动与景观空间环境之间正确合理的关系，以达到最高的生活舒适度与生理机能效率的关键。在景观设计中，人体结构尺寸主要包括人体的基本尺寸、人体的立姿尺寸、人体的坐姿尺寸三个部分。人的工作、学习、休息等生活行为都可以分解成为各种姿势模型，根据人的立位、坐位和卧位的基准点来规范景观设计中各种造型的基本尺度及造型中的相互关系，使得景观设计中的尺度、造型、色彩等符合人体各部分的活动规律，以达到安全、实用、方便、舒适、美观的目的。

3.1.2 环境行为心理学

环境心理学又称为环境行为学，是研究个体行为与其所处环境之间相互关系的学科，是社会心理学的一个应用研究领域，即"把人类的行为与其相应的环境两者之间的相互关系与相互作用结合起来加以分析"。它把环境－行为作为一个整体加以研究，以实际问题为取向，主要研究环境和心理的相互关系，即用心理学的方法分析人类经验、活动与其社会环境各方面的相互作用和相互影响，揭示各种环境条件下人的心理发展规律，以现场研究为主，采用来自多学科的、富有创新精神的折中的研究方法。

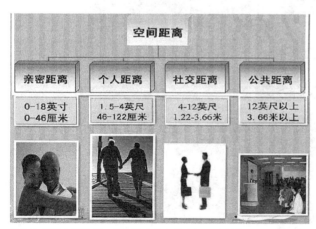

美国人类学家爱德华·霍尔博士的个体空间距离划分

环境心理学具有多学科交叉的性质，涉及心理学、社会学、建筑学、城市规划、人文地理学、文化人类学、生态学等多学科，在现实生活中具有广阔的应用前景。

一般认为作为心理学一个分支的环境心理学在北美首先兴起，在20世纪60年代末期至70年代初期环境心理学发展成为独立的领域。毋庸置疑，环境心理学作为一门学科的出现，应归功于20世纪40年代末巴克等人对自然定居点中居民行为的生态学研究，20世纪50年代霍尔从文化人类学角度对个体使用空间的研究，以及20世纪60年代城市规划师林奇（K. Lynch）对城市表象和环境认知的研究。在这些研究基础上，加上当时环境恶化、自然资源减少等现实困境，20世纪60年代科学家对人类的生态环境产生了特别的兴趣，心理学家也更加重视环境对个体心理、行为的影响，纷纷研究与环境心理学有关的课题。

环境心理学大致有六种理论框架，即唤醒理论、环境负荷理论、应激与适应理论、私密性调节理论、生态心理学理论和行为情境理论、交换理论等。

人们对环境的感知、认知是环境的心理表征，生活中到处闪现着环境心理学的影子。宏观上可以感知的物理环境（声、光、热、色彩、温度、湿度，其至包括自然界的风雨雷电等）、社会文化环境（独特的历史、地理、社会变化和政治因素等）以及微观上的空间尺度、社交距离等，都会成为影响人们行为和心理的环境因素。

3.1.3 景观生态学

生态学（Ecology）源于希腊文"Oikos"，原意是房子、住所、家务活动及生活所在地，"Ecology"是生物生存环境科学的意思。1866年德国动物学家Haeckel首次将生态学定义为：研究有机体与其周围环境——包括非生物环境和生物环境——相互关系的科学。生态学由于其综合性和理论上的指导意义而成为现今社会无处不在的科学。

景观学与生态学是各自独立平行发展的。生态学的研究尺度主要集中于生态系统及其群落、种群等水平，侧重于系统功能的探讨。但在处理生态系统以上尺度的问题时，又显得乏力，因而迫切需要从其他学科中吸收营养。正是现代景观学与现代生态学各自的局限性以及发展水平的互补性，才促使这两门学科的结合，诞生了今日的景观生态学。景观生态学于20世纪70年代以后蓬勃发展起来，它以生态学理论框架为依托，吸收现代地理学和系统科学之所长，研究景观和区域尺度的资源、环境经营与管理问题，具有综合整体性和宏观区域性的特色，并以中尺度的景观结构和生态过程关系研究见长。景观生态学是工业革命后人类聚居环境生态问题日益突出，人们在追求解决途径过程中产生的，美国景观设计之父奥姆斯特德虽然很少著书立说，

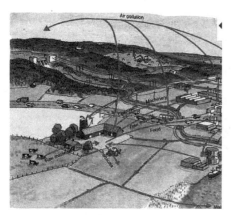

自然景观与人工景观的互馈作用

奥姆斯特德的"蓝宝石项链"

但他的生态、景观美学和关心社会的思想却通过他的学生和作品对景观规划设计产生了巨大的影响。

景观作为生态介入在城市设计领域中的最早案例是 19 世纪 80 年代，由奥姆斯特德设计，被称为"蓝宝石项链"(Emerald Necklace) 的波士顿后湾公园。19 世纪中期为建设城区而填埋了后湾附近的泥河，导致了洪水的不断泛滥。奥姆斯特德最初的设计动机是恢复潮汐沼泽地，以便控制洪水泛滥并改善水质。与当时流行的画境园林(Picturesque)不同，建成后的后湾公园由自然的溪流、人工的河道和湿地，以及作为城市循环体系的排洪通道共同组合而成。它既不是田园风光，也不是自然美景，更不像精致的花园，而是一个利用自然体系原理，并把它应用到城市基础设施建设之中的工程与自然结合的产物。它向我们展示了由交通基础设施、雨洪工程、风景规划以及城市设计各专项工程相互融合的景观生态控制系统。奥姆斯特德是这样描述他的"人工自然"的生态体系的："在人造都市的土地上它也许是一种新奇的东西，可能暂时会有认可度和合适性的问题……但它是由基地原有条件直接发展而来，与人口密集的社区的需要相一致。如果这样去考虑，在艺术的世界里它将是自然的，因为对于厌倦了城市的人们来说，他们更欣赏纯朴的诗意情趣，而不是精致的公园。"由此可见，景观设计作为生态介入，对环境可以起到积极、正面的影响，甚至可以修复和重建自然。

麦克哈格作为景观设计的重要代言人，和一批城市规划师、景观建筑师开始关注人类的生存环境，并且在景观设计实践中开始了不懈的探索。他的《设计结合自然》奠定了景观生态学的基础，让景观规划设计专业勇敢地承担起人类生态环境设计的重任，使景观设计在奥姆斯特德奠定的基础上又大大扩展了活动空间。此后，现代景观规划理论开始强调水平生态过程与景观格局之间的相互关系，研究多个生态系统之间的空间格局及相互关系。

麦克哈格《设计结合自然》（Design With Nature）

3.1.4 场所精神[1]

"场所精神"（Genius Loci）是一个古罗马概念，原意为地方守护神。古罗马人确信，任何一个独立的实在都有守护神，守护神赋予它以生命，对于人和场所也是如此。在罗马人看来，在一个环境中生存，有赖于他与环境之间在灵与肉（心智与身体）两方面都有良好的契合关系。场所精神涉及人的身体和心智两个方面，包括人的空间归属性（即使人知道他身在何处，从而确立自己与环境的关系，获得安全感）和文化归属性（即通过认识和把握自己在其中生存的文化，获得归属感）。

诺伯格·舒尔茨提出："我们呼唤'场所精神'。早在远古时代人们就已经认识到不同的场所有着不同的特征。这个特征是如此之强，它往往决定了居于其中的人们对环境的意象的基本性质，并让他们觉得归属于这场所。"他的"场所精神"包含了下面的陈述：场所是有着明确特征的空间。自古以来 the genius loci 或 spirit of place，就已被当作真实的人们在日常生活中所必须面对和妥协的事件。

诺伯格·舒尔茨从建筑师的角度出发，认为建筑要回到"场所"，从"场所精神"中获得建筑的最为根本的经验。他认为场所不是抽象的地点，它是

---

1 Christian Norberg-Schulz 著. 场所精神——迈向建筑现象学 [M]. 施植明译. 台湾：田园城市文化事业有限公司，1995.
Matthew Carmona 等编著. 城市设计的维度 [M]. 冯江等译. 南京：江苏科学技术出版社，2005.
[美] 克莱尔·库珀·马库斯等编著. 人性场所——城市开放空间设计导则. 俞孔坚等译. 中国建筑工业出版社，2001.
[美] 约翰 .O. 西蒙兹著. 景观设计学——场地规划与设计手册. 俞孔坚等译. 中国建筑工业出版社，2000.
陈伯冲著. 建筑形式论——迈向图像思维 [M]. 中国建筑工业出版社，1996.
[美] 迈克尔·索斯沃斯，伊万·本-约瑟夫著. 街道与城镇的形成 [M]. 李凌虹译. 中国建筑工业出版社，2006.

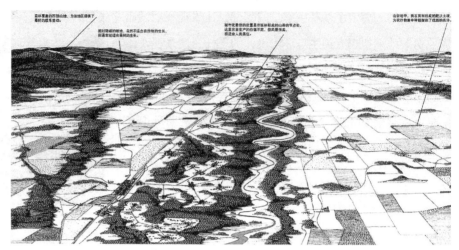

麦克哈格的大峡谷规划

路易斯·康的萨尔克生物研究所（"没有屋顶的大教堂，没有花卉草木的花园"）

日本禅院枯山水的场所精神

由具体事物组成的整体，事物的集合决定了"环境特征"。"场所"是质量上的整体环境，人们不应将整体场所简化为所谓的空间关系、功能、结构组织和系统等各种抽象的分析范畴。这些空间关系、功能分析和组织结构均非事物本质，用这些简化方法将失去场所和环境的可见的、实在的、具体的性质。不同的活动需要不同的环境和场所以利于该种活动在其中发生。我们需要创造的不仅仅是一个房子，一个穿插的空间，而且更应是一个视觉化的"场所精神"，建筑令场所精神显现，建筑师的任务是创造有利于人类栖居的、富有意义的场所。

场所理论的本质在于领悟实体空间的文化含义及人性特征。简单地说，空间是被相互联系的实体物质有限制、有目的地营造出来的，只有当它被赋予了来自文化或地域的文脉意义之后才可以成为场所（Trancik，1986）。

场所理论和历史的、社会的、文化的以及特定城市空间的实体特性的演变

与环境十分协调的建筑形态成为环境的点睛之
笔,赋予纯粹的自然景观以神圣的场所感(巴西)

十字架限定的场所(日本)

十字架限定的场所

有关。它提供了改变建筑环境的途径,指导空间转变到场所。当被赋予了源自文化或地域特征的文脉内涵之后,空间成为场所。

"特征"标明了物质的独特性及空间的秩序,给予特定的场所以唯一性(Jakle,1987)。诺伯格·舒尔茨指出作为体现场所元素三度布局的"空间"和体现氛围的"特征"是任何场所最突出的特性,它暗示出各自不同的"场所精神"、"场所的个性"或"场所的意义"。"一些现象成为另一些现象的环境。"具体地描述环境的词就是场所。场所不是指抽象的地点,而是由具有色彩、肌理、形状等材料特性的具体事物所构成的整体。显然场所具有特征或氛围,有赖于总体把握,故而它是定性的、整体的现象。

每个场所都是唯一的,呈现出周遭环境的特征,这种特征由具有材质、形状、肌理和色彩的实体物质和难以言说的、一种由以往人们的体验所产生的文化联想共同组成(Trancik,1986)。

3.1.5 景观形态学与景观美学[1]

景观是一个具有明显视觉特征的地理实体，兼具经济、生态和美学价值。其中，景观美学价值是一个范围广泛、内涵丰富、比较难以确定的命题。景观形态学主要的研究范畴就是对景观美学价值进行研究，将建筑、景观设计与美术联系起来，使之发展成为一种跨学科的研究领域，涉及哲学、艺术和环境研究的学术体系，以便适应对环境质量不断提高的需要。

吴家骅的《景观形态学》认为尽管景观体验反映了人对环境的直觉反应，但它还受到特定的文化、社会和哲学因素的深刻影响。在人对景观环境的感受性背后，存在着完整的思想体系，它先于感受而发生作用，并决定了人对景观的态度。景观形态的基本设计语言结构可概括为形式、形式与逻辑、形式与情感，或者简单地归纳为实体要素、虚体要素和情感要素。

设计的思考与呈现需要形象，这些形象的核心就是形式，形式不只是图形，而是有意义、有价值的东西。在景观形态学研究中，"形式"被定义为设计物体和空间的状态，它可以指非常具体的轮廓、植物姿态、一块石头的外形或水塘的特征等，也可以非常抽象地指所设计物体和空间的相互联系。它不是一个

罗马万神庙的精神寓意

1　吴家骅著 . 景观形态学 [M]. 叶南译 . 中国建筑工业出版社，2000.

欧洲教堂为中心的乡村聚居形态

天坛鸟瞰

静止的形象，而是一个动态平衡的结果，形式和整个设计氛围之间存在一种互馈的影响关系。客观世界存在两种形式——"可见的形式"和"不可见的形式"，两者都是在一定文化和自然环境中成长并发展起来的。

当我们研究形式时，要定义和测量其大小、比例、位置、纹理构成和其他一些外形要素是非常容易的，但当我们涉及形式美时就会遇上不少困难，我们必须小心翼翼地讨论每一种形式和关系，因为它牵涉很多复杂的文化问题。

从心理学上讲，形式是物体给观察者留下的印象；从美学上讲，它是整个思考、想象和创造过程的最后结果。因此从逻辑上讲，设计就是实际地研究某种形式及其美学上的联系和可能的审美反应。既然形象是美学立场和文学处理及思想的标志，那它应被看成是设计思想中的关键因素。

与形式相关的文化要素有设计者的社会经济地位、受教育水平和经验等。例如，宗教仪式中象征性的饰物，具体的着衣方式，戏剧的风格，婚礼和葬礼的举行甚至是进食的方式，所有这些形式都可能是基于某种文化体系之上的。在英国，教堂、墓地与居民区相互毗邻，生者与死者所居住的空间距离仅一步之隔，这在中国是完全不能被接受的。由此可见，所有的文化要素都可以从对美学偏好有着根本影响的特定空间形式或场地处理方式中体现出来，设计中我们要尊重所有这些文化特色。同时还要在理想和知觉、功能和生态、隐和显等对立力量之间寻求平衡。因此，我们可以在柏拉图哲学和几何美学的影响下得到斯托海德那样的自然美景，也不难理解在被认为是"自然式"的中国园林中会有像山西五台山佛光寺和南禅寺以及北京天坛这样理想的几何形式。

如何运用形式来组织设计思想以及设计语言结构称之为设计语言逻辑，这是景观形态学研究的另一个重要问题。解决问题的程序通常被认为是设计方法问题，事实上，实现逻辑思维的方法应从理性风景思考的本质观点中去寻找。例如，在同一性的问题上，鼓励设计者以整体效果而不是集中于局部的眼光将相关事物有机地结合起来。这意味着在设计一棵树的姿态时，我们关心的是从哪个窗口可以看见它。在设置一座桥时，我们想的是站在水面之上可以看到什么；在设计一个休息场所时，我们考虑的是什么地方可以独处。这种做法就反映了一种逻辑设计思想。

一个对设计思想完整的理解包括三个同等重要的方面。首先是要适应人类生活要求，并使土地自身的潜力得到发展。其次，环境景观是人们修身养性、放松压力的地方，是充满闲适、和平和安静的地方，我们可以将其称为宁静的形式。第三，在设计一个旨在提供纯美学享受的环境时，它的"美术"品质尤其重要。因此，一个为人类的生活要求而设计的景应是有实际用途的，作为精神避难所的景观应能提供足够的心理安慰，并具有更高层次的美学吸引力。然而，在设计思想中并不存在实用型、精神型或者艺术型的明显分界，设计者应有将所有这些特点融为一体并呈现给大众的能力。强调或偏好某些可见形式或风格绝不是真正的设计思想，只有注重设计场所的内在结构，在不可见形式的指导下发展可见形式及其关系、结构和平衡时，才有可能触及设计工作的根本。

3.1.6 景观地理学

地理学在发展过程中形成各种学术流派，主要有：

1）区域学派。代表人物为德国的 A. 赫特纳和美国的 R. 哈特向，他们主张地理应着重于空间分布体系与区域差异的研究。

2）景观学派。代表人物为德国的 O. 施吕特尔、S. 帕萨尔格、美国的 C.O. 索尔和苏联的 Л.C. 贝尔格等，将自然景观和人文景观的发生发展与演变规律作为地理学的研究宗旨。

3）区位空间学派。代表人物有德国的 J.H. 杜能、A. 韦伯、W. 克里斯泰勒、A. 廖什和美国的 W. 艾萨德等人。区位空间学派从经济学原理出发，以研究"成本—利润"关系的空间效应为中心，注重研究距离衰减和空间相互作用规律。

4）环境生态学派。以探讨地理环境与人类社会相互关系为宗旨。有三种思潮：其一是文明环境思潮，以古希腊的亚里士多德、法国的孟德斯鸠等人为代表，认为地理环境决定文明的形成和发展。其二是进化环境思潮，以德国的 F. 拉采尔等人为代表，用社会达尔文主义解释和推论社会发展和环境的关系。其三是发展环境思潮，即地理学中的现代人类生态学思想，探讨人类社会发展与环境之间的协调关系。

5）地缘学派。以英国的 H.J. 麦德金、美国的 I. 鲍曼等人为代表，着重研究地域关系对国际政治战略的影响。20 世纪初，景观地理学在德国兴起，标志着用生态学的观点和综合分析的方法划分地表类型并研究其发展演变的近代地理学的诞生。

3.1.7　外部空间设计原理 [1]

空间在一般哲学意义上，是一种物质属性的抽象，但具体到建筑领域，便具有了特定的内涵。原先一提起"外部空间"就没有选择地想到建筑物以外的空间，没有仔细想过这个建筑物以外的空间包含着多少内容。

芦原义信的"空间基本上是由一个物质同感觉它的人之间产生的相互关系所形成的"论断，表明"空间"在设计师心目中是个具象概念。它在建筑科学中又是有着极大的人为性的概念。如果说，自然现象在对自然法则的从属性上带有"必然性"的意义，那么人为想象在对环境的易适性上则颇有些"偶然性"。就建筑空间对人的感觉来说，可以有许多性质，如大小、敞狭、内外、复杂、简单等。当着眼于人同自然界的关系时，"内"与"外"的概念就显得异常重要了。

"空间"在建筑活动中还是个同"控制"联系在一起的概念。人为框定内部空间的六面钢筋混凝土板，自胶合聚结起来那日起，即宣告着争夺"空间"活动的结束，同时也意味着建筑的社会、经济等职能得以实现。建筑空间对其具体构成而言，地板、墙壁、顶棚无疑都是基本的人为限定物，芦原义信甚至认为，此三者乃"限定建筑空间的三要素"。"外部空间"则是"没有屋顶的建筑空间"，虽然缺少了一两个空间要素，但其人为控制的特性没有改变。事实上可以认为，自从立一段孤墙于平地而分出阴阳两面空间，或者铺一块毛毯在草坪而有了一个"特定的场"的时候起，"控制"的特性就生成了。人类建筑科学发展的历史，也是人类控制空间活动的历史。

1　（日）芦原义信著 . 外部空间设计 [M]. 尹培桐译 . 中国建筑工业出版社，1985.

"外部空间""是从在自然当中限定自然开始的"。它是以自然框定来划定空间的，与无限伸展的大自然是不相同的。同时，它又是由人创造的有目的的外部环境，同自然空间相比更有意义，是能够创造满足人的各种意图和功能要求的空间。"外部空间"具有向内的向心秩序，而无限伸展的自然则具有离心的、向外扩展的特性。芦原义信把这两个相左的空间称之为"积极空间"（Positive-space）和"消极空间"（Negative -space）。所谓P（积极）空间，"就意味着空间满足人的意图，或者说有计划性"。而N（消极）空间，"是指空间是自然发生的，是无计划性的"。计划性就是"从外围向内侧去整顿秩序"，无计划性"就是从内侧向外增加扩散性"。

对于外部空间设计方法的最终概括就是"尽可能将N（消极）空间P（积极）化"。这样设计出来的作品有一定的深度和复杂性，既有明暗变化，又有渗透效果，人性的空间也表现得很充分。故我们常常考虑的是内部空间尺度，对外部空间设计所用的尺度往往就用内部空间尺度去衡量，这样出来的效果会很蹩脚，有失真的感觉。要想把握外部空间尺度不是一件易事，既要有实际经验，又要认真揣摩。

外部空间因为是作为"没有屋顶的建筑"考虑的。正因如此，地面和墙壁就成为极其重要的设

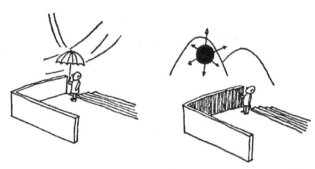

同一空间，在下雨和晴天时也会给人留下不同的印象
资料来源：《外部空间设计》

生活中无意识地创造的空间感。如有时去野餐，在田野上铺上毯子。由于在那里铺了毯子，一下子就产生出从自然当中划分出来的一家团圆的场地。收掉毯子，又恢复成原来的田野。又如：男女二人在雨中同行时，由于撑开雨伞，一下子在伞下产生了卿卿我我的两个人的天地，收拢雨伞，只有两个人的空间就消失了。再如，由于户外演讲人周围集合的群众，产生了以演讲人为中心的一个紧张空间，演讲结束群众散去，这个紧张空间就消失了。
资料来源：《外部空间设计》

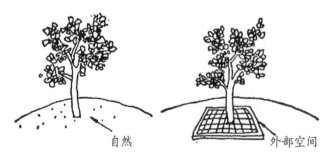

外部空间首先是从限定自然开始的。在自然当中由边框框起一棵树，就在该处创造出外部空间
资料来源：《外部空间设计》

计决定因素了。例如：在灿
烂阳光照耀的毫不出奇的平坦
土地上，用砖砌起一段墙壁，
于是，在那里就的的确确地出
现了一个照射不到阳光的冷飕
飕的空间。拆去这段墙壁，就
又恢复到原来的毫不出奇的土
地。又如：在空无一物的地面
上空，如果吊起一块华盖似的
物体，在它下面就会出现一个
从酷热的阳光下保护人们的休

意大利米兰的维多利奥·埃玛努埃尔二世长廊，步行街顶上装有彩色玻璃顶棚，形成了有屋顶的外部空间

息空间，拆除这个华盖，则又恢复到原来的平坦土地。这样，由于出现墙壁
或顶棚，在那里就可以创造建筑空间，根据它出现的情况如何，空间的质是
变化很大的。

　　外部空间尺度大于内部空间尺度。在外部空间设计时，尺度的把握非常重
要。芦原义信为我们提供了外部空间尺度的标准："外部空间可以采用内部空
间尺寸 8 ~ 10 倍的尺寸，称之为十分之一理论。"也可采用一行程 20 ~ 25
米的模数，称之为"外部模数理论"。据此，外部空间设计相对于内部空间
设计惯用的 1：100 ~ 1：200 的比例尺，自然采用 1：1000 ~ 1：2000
的比例，其设计范围当在千米的数量级之上。如芦原义信设计的驹泽的奥林匹
克公园。"它的中央广场约为 100 米 × 200 米，是个相当大的外部空间，在
其中轴线上每隔 21.6 米配置有花坛和灯具，这一处理照样延续到水池当中。
采用这样的模数布置，正是使外部空间接近人的尺度的一种尝试。"运用他的
这两个理论可以对外部空间设计的尺度进行实践感受并对大体的空间范围进行
估计，成为人们感受外部空间尺度的参考。

　　由于外部空间不是无限延伸的自然，而是"没有屋顶的建筑"，所以平面
布置（平面规划）是比什么都重要的，对什么地方布置什么要充分进行研究，
无论对地面还是墙壁，都应进行仔细推敲。例如：不光是材料的质地，随着地
面的高差变化，以踏步或坡道联系其间也是很重要的。关于墙面的材质，因为
外部空间比内部距离大，所以也要事先了解在什么距离怎样才能看清材质；墙
的高度比视线高还是低，它的灵活运用也是很重要的。此外，墙的高度（H）

与距离的比例（*D/H*）也有必要预先加以研究。在外部空间设计时，比内部空间多了使用树木、水、石头等的条件。而且，耐风化的焙烧材料、砖、片石、室外雕塑、室外家具等也被加以采用了。向阳方向的空间可借以产生阴影，因而是重要的；而背阳的外部空间则容易枯燥无味。照明设计同内部设计一样，在决定夜晚的气氛上是极其重要的内容。照明不仅是照亮整体的一般照明，还要关心在低处点状布置的局部照明。

在这样的参照尺度下，外部空间设计中质感也和距离产生了重要关系。人在近处可以看到进而并联想到物质的质感内容———硬度、重量、表面纹理、色彩、触感经验等。到了远距离则发生很大的衰减，而人所能看到的是总体材料的某些质感突出点或粗大的拼缝。观察距离和质感的层次在外部空间中成为设计处理的关键。

以意大利锡耶纳的坎波广场（Piazza del Campo）为例，这个广场据考是11世纪末经过了两个世纪以普布里哥宫为中心发展起来的，15世纪铺装的九个扇形部分向普布里哥宫方向倾斜，在中央高起的部分，于适当的位置设置了从旧时水道引出的喷水，的确形成了一个适于举行活动的布置。每年一度的中世纪风的帕里奥（Palio）竞赛，大量市民就是聚集于该广场观看赛马。广场周围的建筑群，其高度及窗子的比例形形色色，由于岁月的流逝而呈现出"多样的统一"。

坎波广场即使今天仍具有作为街道的核心功能，并作为优秀的外部空间存在。意大利中世纪的城市，是由城墙包围的向心空间，整个城市宛如一幢建筑

坎波广场（Piazza del Campo）由建筑限定的外部空间。在这样的视觉距离下，我们看到的广场铺装犹如一扇贝壳

这个视角的坎波广场（Piazza del Campo），可以清晰地感受到它的铺装形式和材料质感

一般，广场的确可以说是整个街道的起居室。G.E. 基达 . 史密斯在他所著的《意大利建筑》（Italy Builds）一书中这样阐述："意大利的广场，不单单是与它同样大小的空地。它是生活的方式，是对生活的观点。也可以说，意大利人虽然在欧洲各国中有着最狭窄的居室，然而，作为补偿却有着最广阔的起居室。"广场、街道都是意大利人的生活场所，是游乐的房间，也是门口的会客室。"意大利人狭小、幽暗、拥挤的公寓原本就是睡觉用的，是相爱的场所，是吃饭的地方，是放东西的所在，绝大部分余暇

坎波广场（Piazza del Campo）相对于城市的空间尺度

都是在室外度过，也只能在室外度过的"。而且，意大利的广场空间对于人们来说最有意思的是：它连一株树木之类的植物都不种。地面施以美丽图案的铺装，除了无屋顶之外，看不出房屋内外的差别。窗子很小的厚重墙壁，明显地划分了内部与外部空间，空间丝毫也没有渗透性。就在这样的意大利广场上，人们啜饮着令人倦怠的意大利葡萄酒，怡然自得地闭目养神。可以这样幻想：把原来房子上的屋顶搬开，覆盖到广场上面，那么，内外空间就会颠倒，原来的内部空间成了外部空间，原来的外部空间则成了内部空间。像这样内外空间可以转换的可逆性，启发了建筑上的"逆空间"概念。某人到牙科医生那里拓齿型时，该齿型正好成为那个人齿列的"逆空间"。从意大利城镇的地图可以清楚地看出，建筑物以外的空间即成为道路或广场——换言之，建筑物直接与道路衔接——因此，将它黑白颠倒了放在一起来看，从逆空间的观点来说，乍一看并没有什么不妥。外部空间设计时，就连"逆空间"也要满足设计意图。把建筑周围作为积极空间设计，把整个用地作为一座建筑来考虑设计时，可以说这才是外部空间设计的开始。

3.1.8　广义人居环境理论

广义的人居环境是由吴良镛先生在我国提出并大力倡导的理论。吴良镛先生在《人居环境科学导论》一书中指出："人居环境，顾名思义，是人类聚居

圣马可广场在城市中呈现出的空间感

生活的地方，是与人类生存活动密切相关的地表空间，它是人类在大自然中赖以生存的基地，是人类利用自然、改造自然的主要场所。"吴良镛先生认为，人居环境从内容上包括了五大系统：居住系统、人类系统、自然系统、社会系统、支撑系统。在这五大系统中，"人类系统"与"自然系统"是两个基本系统。了解广义人居环境的目的，就是为了能够站在人类居住环境这个更高的历史层面，去探讨景观设计的理论发展方向和人类居住的未来前景。因此，学习和了解人居环境理论对我们当今的景观设计者们和学习者们都是十分重要而且必要的。

21世纪是人类、自然、社会协调发展的世纪。在这个世纪里，社会体制不断得到理性改革，物质财富逐渐合理分配，社会民主法制不断健全，社会道德不断升华，人际关系更加平等和谐，人们的生活方式也不断追求健康、美好和文明。在不断"调整、调试、调优"人与自然之间和人与人之间两大主线的基础上，人类需要更宜居的生活，就需要走可持续发展之路。而广义建筑学与人居环境科学理论对人类的可持续发展有十分重要的意义。在景观设计的构思和实践过程中，我们要以人居环境科学理论为指导，在更加广义的建筑学理论框架的基础上，重视自然生态、重视人与环境和谐共生，从而使我们的设计达到可持续发展的总体要求。这既是对当今景观设计专业学生的基本要求，也是景观设计与建筑设计行业未来的发展方向。

3.2　现代景观功能目标及案例分析

要点：

掌握现代景观的主要功能分类

　　通过本节的学习，让大家初步了解现代景观设计的主要功能目标，并结合实例区别不同类型景观设计的特点和相应的设计要求，对景观设计的各种功能目标有较为直观的认识。当然，景观设计功能目标还存在着其他类型，希望通过本部分内容的学习引导大家进行积极的探索和思考。

　　景观是为功能服务的，景观设计的最终目的是使某些功能得到实现。深入了解景观的功能目标意义重大。因此，在对景观设计分类进行总结的基础上，我们根据景观功能的属性特征、侧重点和针对不同性质的环境矛盾与化解途径等，将景观主要分为五类进行介绍，包括历史与环境保护型、城市和地域功能系统整合型、生态恢复建设型、隐喻教育型以及人类"生活需求"型，并通过具体的景观设计案例介绍与分析，使大家对不同的景观功能设计目标形成较为直观的认知。

3.2.1　历史与环境保护型

　　历史文化包括物质文化、社群文化和精神文化，是自然界和人类社会的发展过程。城市是历史文化发展的载体，每个时代都在城市中留下了自己的痕迹。保护历史的连续性，保护城市的记忆是人类现代生活发展的必然需要。经济越发展，社会文明程度越高，这样的工作就越显重要。景观规划设计中应根据现状环境、历史沿革、要素分析，明确项目所属基地的历史定位，实现与城市建设规划的衔接和调整，实现城市过去、现在、未来历史与景观风格的统一。纽约的高线公园（High Line Park）就是一个在这方面非常成功的案例，公园的改建既保留了城市的历史记忆，同时，也以对环境干扰最少的手法，完成了城市废弃地的再生，并通过改造为周边地区带来了活力。

　　高线公园（High Line Park）是一个位于纽约曼哈顿中城西侧的线型空中花园。原是1930年修建的一条连接肉类加工区和三十四街的哈德逊港口的铁路货运专用线，高架铁道距离地面30英尺（约9.1米），铁道最宽处有60英尺（约18.3米）。后于1980年功成身退，一度面临拆迁危险。在

美国纽约高线公园

美国纽约高线公园

纽约 FHL 组织的大力保护下，高线终于存活了下来，并建成了独具特色的空中花园走廊，为纽约赢得了巨大的社会经济效益，成为国际设计和旧物重建的典范。

公园的建设分三期进行，公园第一期改造由混凝土和绿化景观带组成，改造时留下了生长繁茂的野花野草，还在某些区域保留着原先纵横交错的铁轨。即使夜间行人也可以在草丛中行走或闲坐。这里灯光柔和而均匀，光源都隐藏在膝盖以下的高度，从空中俯瞰，线状的光源流动而有韵律。

自 2009 年 6 月高架一期开放以来，公园接待了超过 400 万人次的游客，是纽约市内单位面积内访客人数最多的景点。

高架公园二期工程设计了一系列景观小品造福公众，例如"切尔西（Chelsea）灌木丛"，是一个像草甸一样位于西 20 大道和西 22 大道之间的

美国纽约高线公园

节点；"草坪和台阶坐椅"是一个面积为455平方米的大草坪，上面的休闲坐椅是由西22大道和23大道回收来的柚木制作而成的；"野花花坛"是位于西26大道和29大道之间的直线形人形步道。

剩下的三分之一铁路环绕着哈德逊铁路站场，位于西30街和西34街之间。终段铁路野花盛开，杂草丛生，属于CSX运输公司所有。2010年纽约市完成了公共用地审批手续，取得了这段铁路的所有权。

高架公园为重振曼哈顿西区作出了卓越的贡献，是当地的标志，新区和公园的组合使这里成为纽约市增长最快、最有活力的社区。这座神奇的线型公园已成为肉品市场区和西切尔西地区的标志。高线公园的建成证明了公共资金投资于公共空间能刺激经济发展，并成为设计的典范。布隆伯格说："我们没有选择破坏宝贵史迹，而是把它改建成一个充满创意和令人叹为观止的公园，不仅提供市民更多户外休闲空间，更创造了就业机会和经济利益。"

3.2.2　城市、地域功能系统整合型

一个好的城市景观设计很有可能会带活一个区域，达到对该区域进行系统整合的目的。上海静安寺地区整合设计，巴黎拉德芳斯广场设计，以及自开工

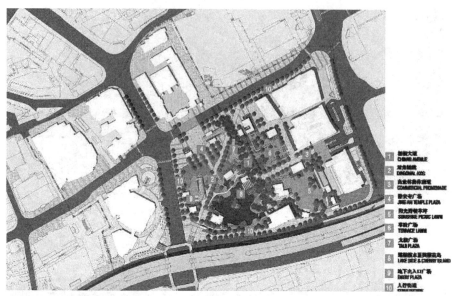

上海静安寺地区整合设计

上海静安寺下沉广场

之日起一直在进行建设的纽约中央公园都可以称得上是这样的城市景观案例。

　　上海静安寺地区位于上海中心城西侧,以有 1700 年历史的静安寺而闻名,地区范围内有多栋近代历史建筑,一座绿树成荫的静安寺公园,著名的商业街——南京路东西向从这里穿过。在 1995 年规划改建之前,这一地区的主要问题是商业空间严重不足,交通超负荷。1995 年规划了地铁 2 号线和 6 号线穿越该地区，为该区域的系统整合提供了契机。

面对区域主要矛盾，设计综合考虑了如何组织地铁交通的人流、完善生态环境、吸引人流和平衡开发资金、促进地区繁荣等社会因素，将地块设计成生态、高效、立体化的下沉广场空间。

下沉广场面积为 2800 平方米，由广场、半圆形露天广场、柱廊和大台阶组成，将交通集散、商业购物、文化观演和旅游观光等功能结合起来。广场内设置地铁出入口，运用广场内自动扶梯与大台阶来疏导人流，与地铁站厅相结合的地下商场上部覆土 2 ~ 3 米，与静安寺公园绿地连为一体，并形成起伏地形。设计增加和扩建了商业空间，交通和停车系统结合地铁建设进行了梳理，完整的步行系统结合休息交往空间进行组织，整个设计从交通、绿化、商业、经济、社会等多个层面进行了考虑。

静安寺地区的重建总体上属于商业休息为主的综合开发模式，合理的规划设计使得区域的独特性、生态性和运动性得到统一。

拉德芳斯（法语：La Défense）是巴黎都会区首要的中心商务区，位于巴黎城西的上塞纳省，邻近塞纳河畔纳伊。作为欧洲最完善的商务区，拉德芳斯是法国经济繁荣的象征。建区 50 年以来，拉德芳斯不再局限于商务领域的开拓，而是将工作、居住、休闲三者融合，环境优先的拉德芳斯也正在成为一个宜居区域。

拉德芳斯区交通系统行人与车流彻底分开，互不干扰，这种做法在世界是仅有的，地面上的商业和住宅建筑以一个巨大的广场相连，而地下则是道路、火车、停车场和地铁站的交通网络，地面完全让给了行人。拉德芳斯的规划和建设不是很重视建筑的个体设计，而是强调由斜坡（路面层次）、水池、树木、绿地、铺地、小品、雕塑、广场等所组成的街道空间的设计。

由奥姆斯特德及沃克斯（Frederick Law Olmsted & Calbert Vaux）两位风景园林设计师于 1856 年建成的中央公园号称纽约"后花园"，坐落在摩天大楼耸立的曼哈顿正中，占地 843 英亩，是纽约最大的都市公园。1857 年纽约市的决策者为这座城市预留了公众使用的绿地，为忙碌紧张的生活提供一个悠闲的场所。

公园树木葱郁，庭院、溜冰场、回转木马、露天剧场、小动物园、可以泛舟水面的湖、网球场、运动场、美术馆等应有尽有。不断增加的各种雕塑，使中央公园已经变成了见证历史的立体长卷。公园里可以见到来自世界各地的多种花卉，

从凯旋门方向进入拉德芳斯广场的地下车道口　　　　　1990 年仍是垃圾填埋场的清泉地区

四季皆美，春天嫣红嫩绿、夏天阳光璀璨、秋天枫红似火、冬天银白萧索。造园家西蒙兹高度评价中央公园说："凡是看到、感觉到和利用到中央公园的人，都会感到这块不动产的价值，它对城市的贡献是无法估计的。"他还郑重地提醒设计者，绝不能忘掉中央公园给我们提供的经验和教训，这样早有预见的城市公园是很好的学习榜样。如今纽约人能在市中心享用到如此优美的大公园，世界上也为数不多。

3.2.3　生态恢复建设型

随着环境的恶化和景观生态学研究的发展，关注生态环境的景观设计已经成为现代景观环境设计的主题，景观环境设计或多或少都会体现出对生态的关怀。无论是专注于生态保护建设还是生态恢复的景观实践都取得了令人瞩目的成就。

1）生态恢复景观：纽约清泉垃圾填埋场（Fresh Kills Landfill Landscape）

纽约清泉垃圾填埋场是世界最大的垃圾填埋场，由于长期的垃圾污染导致其自然系统严重退化。纽约市于 2001 年举办了国际景观设计大赛欲将其改造成公园。菲尔德设计事务所（Field Operation）所作的获奖方案"生命的景观"，开创了生态风景园的新形式以及垃圾填埋场再生的新范例。设计团队创造性地提供了一条建立在自然进化和植物生命周期基础之上的长期策略，以期修复严重退化的土地，通过恢复湿地、森林，引入新栖息地，添置休闲娱乐项目等措施，为野生动植物，也为社会生活提供了场所。其中，为防止渗滤液污染地下水以及填埋气体逸出，设计师为每个垃圾山裹上一层高分子聚合物的保护膜，在膜上覆盖厚约 76.2 厘米的泥土层，从而在垃圾与地面大气之间形成一个隔离层。通过"条田种植法"，即通常采用 3 米宽为边界开挖条田状沟渠，在条田堆积层上先铺设 30 厘米左右的黏土层压实，再覆盖 40 厘米的熟土以种植苗木，并在一些地方插入排气管以减少填埋气体对植物的影响。这种经济实用的农业方法用来改善土壤状况、增加土壤厚度，创建更有利于植物生长的环境。

这个案例给我们带来以下几点启示：

（1）垃圾废弃地也有重生的权利。人类的错误使用造成了废弃地的产生，但即使垃圾废弃地也具有重生的权利。如今我们赖以生存的土地，正面临着巨大的威胁：人口的持续增长和现代化进程的推进，以及荒漠化、水土流失、土壤污染等因素，给本来就算不上丰裕的土地资源带来了巨大压力。而不断趋紧的人地矛盾，已成为阻碍我国经济社会高速发展的瓶颈之一，垃圾填埋场的景观重建可以在一定程度上缓解这一矛盾。

（2）各学科之间的协作决定了最终景观效果的实现。各种技术的综合使用确保了最初设计的景观效果不仅仅停留在纸上，大规模、长工期的垃圾填埋场改造尤其需要"一种新的实践形式，其中建筑、风景园林、规划、生态学、工程学、社会政策和法治进程都要作为一个相互联系的领域而得到相互理解和协调"，即各学科领域的拓展交融。垃圾填埋场场地的复杂性决定场所需要采取许多措施才能实现改造，从工程技术对有毒气体、液体的治理，再到活动场地的设置等，景观设计应该作为一个组织者，有效整合各种资源，确保最终目标的实现。

（3）景观作品应承载更多社会责任。詹姆斯·科纳（James Corner）

改善垃圾堆表土的等高条植法

生态得到恢复的清泉公园景观

认为"景观设计是一种精神，一种态度，一种思维和行为方式"。面对城市面临的种种困境，各个学科都在找寻解决问题的切入点，景观学也不能自甘落后。作为一个诞生仅一个世纪的年轻专业，景观设计学涵盖了很多现存的领域和专业，以至于缺乏一个清晰的核心；景观作品通常为建筑物、雕塑这些更加重要的物体提供背景。然而，在这个飞速发展的时代，景观作品的范围已经从庭院扩展到了区域性景观规划甚至一个城市的再生，从邻里花园扩展到有毒的废弃地，景观学应该以一种对社会负责任的态度，从解决现实问题的角度来考虑设计的创新，综合考虑各方的利益，实现最大的社会效益，同时也使得作品本身更具有社会责任感，生命力更长久。

"垃圾围城"是世界上很多城市面临的困境：城市在不断扩张，而人类自身产生的垃圾又阻碍其进一步发展。兴起于20世纪80年代的恢复生态学一度成为治理垃圾填埋场的主流思想。而时至今日，景观学应该挺身而出，积极挖掘垃圾废弃地的开发潜质，整合各学科优势资源，因势利导。垃圾填埋场不应该成为城市生活的对立面，而应最大限度地融入城市生活当中，实现从垃圾废弃地到绿色空间的"华丽转身"，景观重建也成为解开"垃圾围城"死结的有效手段。

2）生态保护建设景观：美国的绿色廊道计划

20世纪70年代美国开始有了"绿道"概念。查理斯·莱托(Charles E. Little)在其经典著作《美国的绿道》(Greenway for American)中指出：绿道就是沿着诸如河滨、溪谷、山脊线等自然走廊，或是沿着诸如用作游憩活动的废弃铁路线、沟渠、风景道路等人工走廊所建立的线型开敞空间，包括所有可供行人和骑车者进入的自然景观线路和人工景观线路，是连接公园、自然保护地、名胜区、历史古迹，及其他与高密度聚居区之间进行连接的开敞空间纽带。美国马萨诸塞大学的Jack F. Ahern在其著作《绿道作为城市景观规划策略的理论和应用》(Greenways as Strategic Landscape Planning:Theory and Application)中通过在美国的案例研究指出绿道正越来越多地集成在美国综合景观规划中，是一种为了多种用途(包括与可持续土地利用相一致的生态、休闲、文化、美学、野生动物走廊和栖息地和其他用途)而规划、设计和管理的由线性要素组成的土地网络。1987年的美国总统委员会报告对21世纪的美国作了一个展望："一个充满生机的绿道网络……在景观上将整个美国的乡村和城市空间连接起来……就像一个巨大的循环系统，一直延伸至城市和乡村。"此后，绿道概念开始被广为接受，绿道的规划和实施也开始大量出现。美国保护基金绿道项目负责人爱德华·迈克曼说，美国有一半以上的州进行了不同程度的州级层面的绿道规划实施，从多层次上对美国的绿道进行了连通性规划建设，最终将形成串联全美综合绿道网络。

美国绿道计划

过去 10 年的绿道文献一致称弗雷德里克·劳·奥姆斯特德为绿道运动之父。奥姆斯特德最具特色及最早的绿道是波士顿公园系统，通常被誉为"翡翠项链"。奥姆斯特德的公园系统由绿道和绿色空间组成，连接了富兰克林公园，经过阿诺德植物园以及牙买加公园到达波士顿花园和波士顿公园。该系统长约 25 公里，连接了波士顿、布鲁克林和剑桥，使之通达查尔斯河。奥姆斯特德的追随者查尔斯·艾略特站在巨人的肩膀上，创造了整个波士顿大都市区方圆 600 平方公里内的公园系统或者绿道网络。查尔斯·艾略特远见卓识，使波士顿郊区的 5 个大公园和其他绿色空间通过 5 条短短的沿海河流廊道连接起来，例如，通往大西洋和波士顿后湾区的查尔斯河绿道。

目前的美国绿道网络分为区域、城市及场所三个层次，具有三方面特点。一是覆盖面广。新英格兰地区绿道总长超过 6 万公里，地均绿道长度约 0.35 公里 / 平方公里，绿道缓冲区面积占整个地区总面积的 28%。二是可达性高。美国规定所有居民都能 15 分钟内从家或工作场所到达最近绿道。三是连通性好。东海岸绿道从加拿大边境一直延伸至佛罗里达州，联通了两个国家、15 个州、1 个特区、23 个大城市和 122 个城镇，串联了沿线的乡村、城镇及重要景观节点。

绿道积极采取了贴近原生态的建设手段。多采用透水、可降解的铺装材料建设慢行道，如盐湖城米尔溪峡谷绿道铺装采用木板材，与周边湿地环境和谐

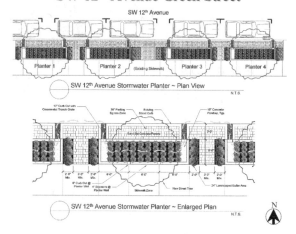

波士顿罗斯·肯尼迪码头地区绿道公园　　　　　　　西南第 12 大街（SW 12th Avenue）绿色街道项目平面设计

西南第 12 大街（SW 12th Avenue）绿色街道

统一；多采取生物廊桥和涵洞的方式保留动物迁徙廊道；最大限度地保留原生植被和采用野生乡土树种；多采用循环低碳的建筑材料，如北卡罗来纳州绿道的长椅、垃圾箱和解说牌均采用回收来的橡胶、铝铁等废弃物料制作，充分发挥绿道低碳环保的功能。

3）生态管理景观：波士顿的雨水管理计划

以波士顿为代表的城市绿色街道设计，重点突出了城市雨水的生态管理。

利用"自然雨水循环"解决城市建成区的雨水排放的设计理念最早可以追溯至1971年麦克哈格与WMRT合作完成的得克萨斯州伍德兰兹（Woodland）新城规划项目。麦克哈格提出了自然和人工相结合的雨水排放管理系统的理念并加以实施。美国第一个"真正"的绿色街道位于马里兰州乔治王子县1990年修建的萨默塞特（Somerset）居住区。

绿色街道建成后的数据监测表明，由雨水渗透园构造的绿色街道可以管理周边正常降雨强度下形成的75%~80%的地表雨水径流，而其最大设计能力可以抵御该地区百年一遇的降雨强度，但造价仅为美国传统工程的暴雨水最佳管理措施系统的1/4。此后，利用绿色街道进行道路雨水管理方法在美国特拉华州萨塞克斯县（Susses County，Delaware）、加利福尼亚州圣马特奥县（San Mareo County）、北肯塔基州、明尼苏达州伯恩斯维尔市（Bumsville）、洛杉矶奥若斯（Oros，Los Angeles）、俄勒冈州波特兰市（Portland）等地的城市、社区及景观项目中得到广泛应用。其中以俄勒冈州波特兰市可持续性暴雨水管理设计实施取得了杰出成就，其西南第12大街（SW 12th Avenue）和东北锡斯基尤街（NE Sisliyou）绿色街道项目更是成为"以自然景观方法管理街道暴雨水"的典范工程。

目前，波士顿的城市雨水景观已经从绿色街道建设，发展到区域雨水管理，从线状的街道雨水景观设计发展到系统的雨水管理项目。

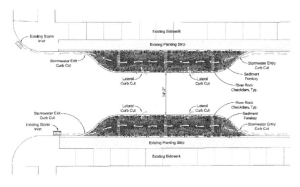

The NE Siskiyou Green Street Project

Stormwater Curb Extensions Flow Diagram

东北锡斯基尤街（NE Sisliyou）绿色街道项目平面

3.2.4　隐喻教育型 [1]

随着社会的不断发展，人们生活质量的提高，人们对环境场所的精神需要不断增多，环境景观设计应该把注意力更多地注重场所本身所反映的情感特征和使用者的情感、心理反应，因此景观设计除应当满足一定功能外，更应当注重整个环境带给人们的精神满足。

隐喻作为一种极其普遍和重要的思想情感表达方式，在景观设计中也具有很大的优势。景观的隐喻是通过场所传递给人的，是人和环境情感交流的桥梁，是环境对人的生理和心理交互作用的结果。场所的隐喻也是人们通过认识环境本身，显示出的精神或心理、情感态度或某种认知关系。

景观设计有着自己的设计语言，景观的隐喻是建立在对场所的认识基础之上的，隐喻在景观中的意义必须依附于场所的概念。

景观场所的暗示由环境的构成和参与的方式说明环境景观本身以外的东西，它所反映的通常是文化内涵、意象、心理感受、价值取向等较为高层次的信息，也就是所说的隐喻。在设计过程中隐喻作为一种设计手法，借助隐喻，景观的灵魂由景观本身存留下来。设计师对世界的认识、人类思维的特性、价值取向以及行为方式，都会通过隐喻呈现在设计作品中。

美好的生活是因为由人们身边美好事物的集成让人们获得体验，让人们愉快地接受和欣赏到设计师的思想，参与景观中来本身就是一种美的享受，这些场所有着丰富的隐喻特征将会成为人们美好生活的一部分。当然这些都需要设计师对场所认知作出充分和适当的表达。

虽然人类高级的精神需要的满足不一定通过自身环境来实现，但作为人们生活环境的主要载体——场所，它在满足人类高级的精神需要和协调、平衡情感等方面的作用是毋庸置疑的。而隐喻作为一种场所人文化的手段，在社会发展的今天也充当着环境和人之间的平衡剂，具有很重要的意义。

设计应该超出纯粹的形式和色彩的表达，

波士顿唐纳德溪水公园

1　黄更 . 景观设计中场所的隐喻性研究 [J]. 中外建筑，2006(1):72 ~ 75.

表现的更应该是环境场所中对生命和灵魂的揭示。设计应该成为连接技术和人文文化的桥梁，诗意情感的表达是优秀作品中共有的特征。

在设计中，探求形象和表达方式以求得意义，是我们追求创作表达所要求达到的境界，古语中"象生于意，立象求意"正是这一观点的形象表达。具体的形象是设计者从事创作和研究的主要对象，是在具体中创造一个什么样造型的问题。对于景观设计来说，这种形象也是场所的概念，造型虽然受到很多条件的制约如环境、材料、技术等，但总会含有本质的东西，即设计品的内涵。

隐喻设计的成功案例之一是美国华盛顿越战纪念碑（Vietnam Veterans Memorial）。它由黑色花岗石砌成的长500英尺的V字形碑体构成，用于纪念越战时期战死的美国士兵和将官。V形的碑体向两个方向各伸出200英尺，分别指向林肯纪念堂和华盛顿纪念碑。后者在天空的映衬下显得高耸而又端庄，前者则伸入大地之中绵延而哀伤，场所的寓意贴切、深刻，（活人和死人）将在阳光普照的世界和黑暗寂静的世界之间（再次会面），当你沿着斜坡而下，望着两面黑得发光的花岗石墙体，犹如在阅读一本叙述越南战争历史的书。按照林璎自己的解释，纪念碑就像是地球被（战争）砍了一刀，留下了这个不能愈合的伤痕。

熠熠生辉的黑色大理石墙上依每个人战死的日期为序，刻画着美军57000多名1959年至1975年间在越南战争中阵亡者的名字。黑色的、像两面镜子一样的花岗石墙体，两墙相交的中轴最深，约3米，逐渐向两端浮升，直到地面消失。1982年11月13日，这座有着特殊意义的纪念碑落成向公众开放，迎接每日像潮水般涌向它的人群，现在它已经成为华盛顿特区游览者最喜欢的去处之一，也已是普通美国人展现现有的以及永久存在的悲痛和哀思的地方。

美国新奥尔良市是意大利移民比较集中地城市。新奥尔良市意大利广场以地图模型中的西西里岛为中心，广场铺地材料组成一圈圈的同心圆，即以西西里岛为中心。广场上的建筑形象明确无误地表明它们是意大利建筑文化的延续。设计表达了对居住在该市的美籍意大利人的尊重，也隐喻了意大利移民的思乡之情。

玛莎·施瓦茨设计的美国明尼阿波利斯联邦法院大楼前广场被誉为城市中的丘陵，灵感来自于冰川消融留下的痕迹，原木坐凳代表本地经济发展的基础——木材，地面的铺装延续了建筑立面的线条，整个广场的设计简单明快，

美国明尼阿波利斯联邦法院大楼前广场

新奥尔良市意大利广场

喻义较强，为这里创造一个标志性的记忆场所。

在古代的中国园林设计中，主人为了隐喻个人的性情和节操，常常在园中栽植梅、竹、兰、菊、松树、荷花等喻义高洁的植物以自比并激励自己，从而使其隐喻的意义承载了更深层次的文化内涵。

3.2.5 人类"生活要求"型

城市景观除了需要关注上述一些特性以外，贴近人们生活的景观空间还应具备休闲、娱乐、运动健身、美化城市等基本功能，并且，无论哪一种景观都需要明确地表现出它们本身应有的气质和性格特征，如商业场所、办公场所、休闲绿地、文化广场等景观传递给使用者的信息一定会有所不同，因此，生活型景观因地制宜努力发掘场地特征和更多其他影响因素，让设计更好地满足人们的生活需求。

芝加哥千禧公园（Millennium Park）是坐落于美国芝加哥洛普区的一座大型公园，公园由著名后现代解构主义建筑大师弗兰克·盖里（Frank Owen Gehry）设计完成，建成于 2004 年 7 月，通过广场、步道和开放的草坪这些常规的规划手段实现了休闲娱乐和运动健身的功能。公园涵盖了整个格兰特公园西北边 24.5 英亩（99148 平方米）的土地，成为密歇根湖湖畔重要的文化娱乐中心，因其处处可见的独特的后现代建筑风格的印记，成为展现"后现代建筑风格"的集中地。

千禧公园以其大面积的绿化和多样性的植物实现绿化、美化、生态，甚至科普功能。每年在露天剧场举办的几十场音乐会，在宣扬芝加哥爵士、蓝调音

芝加哥千禧公园鸟瞰 连接仅一道之隔的格兰特公园的 Butler Field 的 BP 桥

乐文化的同时，又提升了市民的品位。公园中除了大片的草坪和观赏树木外，还建有一处植物园（Lurie Garden），此园占地 5 英亩，园中共有植物 205 种，其中乔灌木 21 种，宿根花卉 130 种，球根花卉 33 种，其他草本植物 21 种。建成后的公园还是一座位于停车场之上的大型屋顶公园，又极大地满足了城市中心的停车需求。

千禧公园独具匠心的建筑及小品展示了芝加哥的建筑文化，其中，露天音乐厅 (Jay Pritzker Music Pavilion)、云门 (Cloud Gate) 和皇冠喷泉（Crown Fountain）是千禧公园中最具代表的三大后现代建筑。

露天音乐厅

弗兰克·盖里亲自操刀设计的露天音乐厅（杰·普立兹音乐厅）是公园的扛鼎之作，整个建筑的顶棚犹如泛起的片片浪花，能容纳 7000 人的大型室外露天剧场则由纤细交错的钢构在大草坪上搭起网架天穹，营造了极具视觉冲击力的公共空间，这与芝加哥早前中规中矩的建筑风格形成鲜明的对比，让人耳目一新。

云门

该雕塑由英国艺术家安易斯设计，整个雕塑由不锈钢拼贴而成，虽体积庞大，外形却非常别致，宛如一颗巨大的豆子，因此也有很多当地人昵称它为"银豆"。由于表面材质为高度抛光的不锈钢板，整个雕塑又像一面球形的镜子，在映照出芝市摩天大楼和天空朵朵白云的同时，也如一个巨大哈哈镜，吸引游人驻足欣赏雕塑映出的别样的自己。

露天音乐厅

皇冠喷泉

皇冠喷泉

由西班牙艺术家詹米·皮兰萨（Jaume Plensa）设计，是两座相对而建的、由计算机控制的 15 米高的显示屏幕，交替播放着代表芝加哥的 1000 个市民的不同笑脸，欢迎来自世界各地的游客。每隔一段时间，屏幕中的市民口中会喷出水柱，为游客带来突然惊喜。每逢盛夏，皇冠喷泉变成了孩子们戏水的乐园。至此，让人们不得不敬重艺术家的超凡想象设计，他们抛却传统的公共雕塑功能，而让原本静止的物体与游人一起互动起来，赋予了雕塑新的意义。

千禧公园的规划，处处体现了以人为本的关怀，无论是老年人、年轻人还是少年儿童，都能找到适合自己活动的区域，处处可见的无障碍设施又让残疾人同样享受到城市公共空间的建设成果，吸引每个人走进公园，享受公园，使得千禧公园对人类城市生活要求的良好满足得到很好诠释。

2009 年获得美国景观设计师协会（ALSA）居住区设计类荣誉奖的旧金山裂缝花园位于美国加利福尼亚州，评审委员会对该项目的评价是："这是一个绝妙的、堪称放之四海而皆准的创意，它向我们展示了如何选择和利用现有条件，如何使项目具可持续性而无需额外措施。它构思巧妙，具有很好的韵律感。对于景观行业的未来具有深远意义。"

裂缝花园项目占地 800 平方英尺（约 74 平方米），耗资仅 500 美元。屋主在作为中心集会区域的混凝土厚板上，钻挖了一系列裂缝，在里面栽满了不同的植物，建成了这个花园。这块场地最初只是一块浇筑的混凝土，会在夏季存留多余的热量，增加周围区域的雨水径流量。

完成的裂缝一直延伸到混凝土下的泥土，将原本不可渗透的厚板变成了可渗透的表面，种植了多种花卉、药草、蔬菜，这样就形成了一个满是药草、蔬菜和花卉的花园，甚至野生杂草也在这儿保留了它们的美学价值。角落上的一

芝加哥千禧公园的生活趣味

旧金山的裂缝花园

棵蓝花楹增加了空间的尺度感和视觉上的稳定性,同时也是该空间的顶部限定,并为庭园提供了斑驳的树荫和夏日的色彩。

　　这些裂缝将一个荒芜、没有生命的空间转变成了一个能为主人提供食物和舒适的休闲空间。从某些角度来说,纵然裂缝减少了开放空间,但最终营造的环境留给了人们更多的玩赏和社交空间。裂缝花园的设计是对场地同一性和人为干预的一次探索。原有场地已经形成内在的同一性,这种特性基于历史、物质及所开展的活动内容。设计中的干预手段改变着使用者的感受,但并没有彻底地改变场地,这种干预保存了场地的内在特质,也是对场地干扰最小的生态可持续性设计,释放了被混凝土覆盖的城市地表的美的潜能。

本章扩展阅读：

1. Christian Norberg-Schulz 著 . 场所精神——迈向建筑现象学 [M]. 施植明译 . 台湾：田园城市文化事业有限公司，1995.

2. Matthew Carmona 等编著 . 城市设计的维度 [M]. 冯江等译 . 南京：江苏科学技术出版社，2005.

3.（美）克莱尔·库珀·马库斯等编著 . 人性场所——城市开放空间设计导则 . 俞孔坚等译 . 中国建筑工业出版社，2001.

4.（美）约翰 .O. 西蒙兹著 . 景观设计学——场地规划与设计手册 . 俞孔坚等译 . 中国建筑工业出版社，2000.

5. 陈伯冲著 . 建筑形式论——迈向图像思维 [M]. 中国建筑工业出版社，1996.

6.（美）迈克尔·索斯沃斯，伊万·本—约瑟夫著 . 街道与城镇的形成 [M]. 李凌虹译 . 中国建筑工业出版社，2006.

7. 吴家骅著 . 景观形态学 [M]. 叶南译 . 中国建筑工业出版社，2000.

8.（日）芦原义信著 . 外部空间设计 [M]. 尹培桐译 . 中国建筑工业出版社，1985.

9. ASLA 历年获奖作品，官方网址 http://www.asla.org/

4 景观设计
制图与识图

第四章 景观设计制图与识图

4.1 制图的基本知识

要点：

本节主要需了解和掌握专业制图一些基本内容的绘制标准。

4.1.1 制图的学习目的和特点

1）制图的学习目的

景观制图是环境景观设计表达的基本语言，是每个初学者必须掌握的基本技能，是进行交流、指导施工的技术语言。学习制图不仅应熟练掌握常用的制图工具的使用方法，还必须遵照有关的制图标准或规定进行制图，包括国家颁发的建筑制图有关内容，以保证制图的规范化。因此，学习制图的目的还在于介绍基础作图方法和相关国家规范，学习基本的制图与识图技能。

2）制图的特点

制图要求所有的线条粗细均匀、光滑整洁、交接清楚。作图需要丰富的想象力，要有综合美感。景观设计制图还要求"工具绘图"与徒手绘图相结合，注重花草树木的绘制。以上即是景观制图的特点。

4.1.2 制图标准

1）图纸幅面（单位：mm）

景观设计制图采用国际通用 A 系列图纸规格，A0 图纸称为零号图纸，A1 图纸称为壹号图纸，依此类推。

当图的长度超过图幅长度或内容较多时，图纸需要加长。图纸的加长量为原图纸长边 1/8 的倍数。仅 A0 ～ A3 号图纸可加长，且必须沿长边加长。

图幅	A0	A1	A2	A3	A4
$B \times L$	841×1189	594×841	420×594	297×420	210×297
c	10			5	
a	25				

图纸的幅面及画框尺寸　　　　　　　　　　　　　　　　　单位：mm

注：B——图纸宽度；L——图纸长度；c——非装订边缘到相应框线的距离；
　　a——装订宽度，横式图纸左侧边缘，竖式图纸上侧边缘到画框线的距离。

2）图标与图签

图标与图签是设计图框的组成部分。

图标也称标题栏，是说明设计单位、图名、编号的表格。图标的位置一般在图纸的右下角。图标的尺寸在国际建筑制图标准中规定长边为 180mm，短边宜采用 40mm、30mm、50mm 三种尺寸。

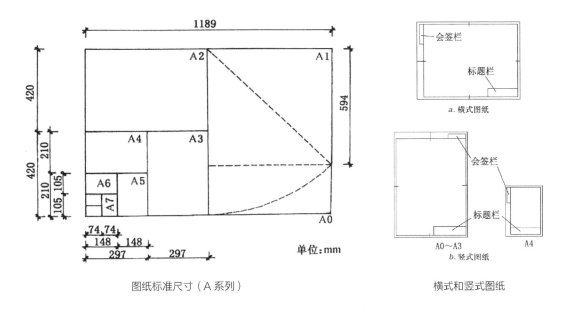

图纸标准尺寸（A 系列）　　　　　　　横式和竖式图纸

图签是供需要会签的图纸用的。一个会签栏不够用时，可另加一个，两个会签栏应并列；不需要会签的图纸，可以不设会签栏。图签应位于图纸的左上角，尺寸为 75mm×20mm，栏内应填写会签人员所代表的专业、姓名、日期（年、月、日）。

3）图线

为了表达不同的意思，并达到图形主次分明的目的，需要采用不同的线型和不同宽度的图线来表达。图线主要有实线、虚线、点画线、双点画线、折断线、波浪线等。

虚线是线段及间距保持长短一致的断续短线。它在图中有中粗、细线两类。主要用于不可见轮廓线等的绘制。

折断线一般采用细实线绘制。折断线是绘图时为了少占图纸而把不必要的部分省略不画。

波浪线可用中粗和细实线徒手绘制。它可以表示地形、构件等局部构造的层次。

线的宽度用 b 作单位。绘制线图时应注意：

（1）同一张图纸内，相同比例的各图样，应选用相同的线宽组。

（2）虚线、单点划线或双点划线的线段长度和间隔，宜各自相等。

（3）单点划线或双点划线，当在较小图形中绘制有困难时，可用实线代替。

线宽比	线宽组					
b	2.0	1.4	1.0	0.7	0.5	0.35
$0.5b$	1.0	0.7	0.5	0.35	0.25	0.18
$0.25b$	0.5	0.35	0.25	0.18	–	–

图线的宽度

（4）单点划线或双点划线的两端，不应是点。

名称		线型	线宽	用途
实线	粗	———	b	1.一般作主要可见轮廓线；2.平、剖面图中主要构建断面的轮廓线；3.建筑立面图外轮廓线；4.详图中主要部分的断面轮廓线和外轮廓线；5.总平面图中新建建筑物的可见轮廓线
	中	———	$0.5b$	1.建筑平、立、剖视图中一般构配件的轮廓线；2.平、剖视图中次要断面的轮廓线；3.总平面图中新建道路、桥涵、围墙及其他设施的可见轮廓线和区域分界线；4.尺寸线起止符
	细	———	$0.35b$	1.总平面图中新建人行道、排水沟、草地、花坛等可见轮廓线，原有建筑物、铁路、道路、桥涵、围墙等的可见轮廓线；2.图例线、索引符号、尺寸线、尺寸界线、引出线、标高符号、较小图形的中心线
虚线	粗	– – – – –	b	1.新建建筑物的不可见轮廓线；2.结构图上不可见钢筋及螺栓线
	中	- - - - - - -	$0.5b$	1.一般不可见轮廓线；2.建筑构造及建筑构配件不可见轮廓线；3.总平面图计划扩建的建筑物、铁路、道路、桥涵、围墙及其他设施的轮廓线
	细	- - - - - - -	$0.35b$	1.总平面图中原有建筑和道路、桥涵、围墙等设施的不可见轮廓线；2.结构详图中不可见钢筋混凝土构件轮廓线；3.图例线
点划线	粗	—·—·—	b	
	中	—·—·—	$0.5b$	土方填挖区的零点线
	细	–·–·–·–	$0.35b$	分水线、中心线、对称线、定位轴线
双点划线	粗	—··—··—	b	
	中	—··—··—	$0.5b$	
	细	–··–··–	$0.35b$	假想轮廓线、成型前原始轮廓线等
折断线	细	⌇	$0.35b$	不需画全的断开界线
波浪线	细	〰	$0.35b$	断开界线

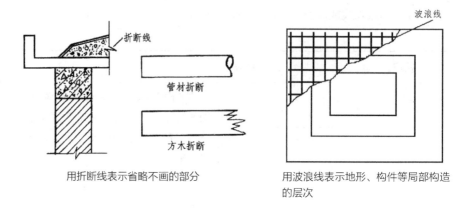

用折断线表示省略不画的部分　　　　用波浪线表示地形、构件等局部构造
　　　　　　　　　　　　　　　　　　　的层次

（5）虚线与虚线交接或虚线与其他图线交接时，应是线段交接。

（6）图线不得与文字、数字或符号重叠、混淆，不可避免时，应首先保证文字等的清晰。

4）工程字简介

汉字

文字、数字和符号是图纸上的重要组成部分，要求笔画清楚、字体端正、排列整齐。图样及说明文字，宜采用长仿宋字。其高宽比为 3：2 或 2：1，字的行间距为字高的 1/3，字间距为字高的 1/4，为保证美观、整齐，书写前先铅笔淡淡地打好网格。书写时应横平竖直，起落分明，笔锋饱满，布局均衡，特别应注意字体的形体结构。

为准确定位汉字的笔画、结构，初学者可以将画好的字格高、宽各等分四份，同样用铅笔淡淡地画出格线，进行字体临摹练习。

数字和字母

数字和字母在图纸上分直体和斜体两种，斜体字应向右倾斜，与水平线成 75°。

5）尺寸和比例

尺寸

道路、广场、建筑物和构筑物，都有它们的长度、宽度、高度，它们需要用尺寸来表明大小。平面图上的尺寸标注所示数字即为图面某处的长、宽尺寸。按照国家标准规定，图纸上除标高的高度和总平面图上尺寸用米为单位标示外，其他尺寸一律用毫米为单位。为了统一起见，所有以毫米为单位的尺寸在图纸上就只注写数字不再标注单位。如果数字的单位不是毫米，那么必须注写清楚。

在建筑设计中，为了标准化、通用化，以便实现规模生产，在设计上还建立了模数制。建筑模数是设计上选的尺寸单位，作为建筑空间、构件以及有关设施尺寸的协调中的增值单位。我国选定的基本模数值（是模数协调中的基本尺寸）为 100mm。而实际设计中的模数化尺寸应该是基本模数的倍数。因此，在基本模数这个单位值上又引出"扩大模数"和"分模数"的概念。扩大模数是基本模数的整数倍数且能被 3 整除，扩大倍数可为 3、6、12、15、30、60 等；分数模数则是整数除基本模数的数值，其倍数可为 1/10、1/5、1/2。如门窗厚度为 50mm，是用 2 去除 100mm 得到的分模数。

比例

图纸上标出的尺寸，并非实际就那么长，如果真要按实际尺寸绘图，几十米上百米的场地不可能在绘图桌上绘制出来。实际都需要通过把所需绘制的景物缩小至其实际尺寸的几十分之一、几百分之一甚至上千分之一才能绘成图纸。我们把这种缩小的叫做"比例"。

比例是图上线段长度与相应实际线段长度之比。比例 = 图上线段的长度 / 实际线段的长度。

比例用阿拉伯数字注写在图名的左侧，字的底线取平，比例数字比图名字号小一号或两号；详图的比例一般标注在详图编号之后。

景园设计图上的比例，应选用 $1:1 \times 10n$、$1:2 \times 10n$、$1:5 \times 10n$（n 为正整数），必要时可以使用 $1:2.5 \times 10n$、$1:3 \times 10n$、$1:4 \times 10n$。

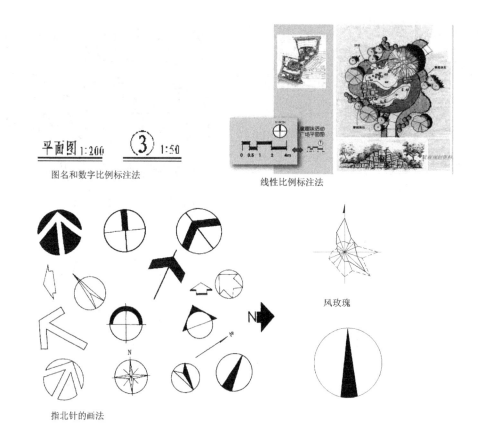

平面图1:200　③1:50
图名和数字比例标注法

线性比例标注法

风玫瑰

指北针的画法

另外，还可选用线性比例标注方法。

我们看图纸时懂得比例的概念，就可以用比例尺量取图上未标注尺寸的部分，从而知道它的实际尺寸。

6）图名、指北针

图名即设计图的名称，图名中包含的内容应体现图纸的主要内容，常见的包括平面图、剖立面图、分析图、详图、竖向设计图等。

指北针主要用于景观设计平面图中方向的标示，画法多样，注意与设计图的风格相配合。

7）符号

（1）索引符号

图样中的某一局部或构件，如需另见详图，应以索引符号索引。

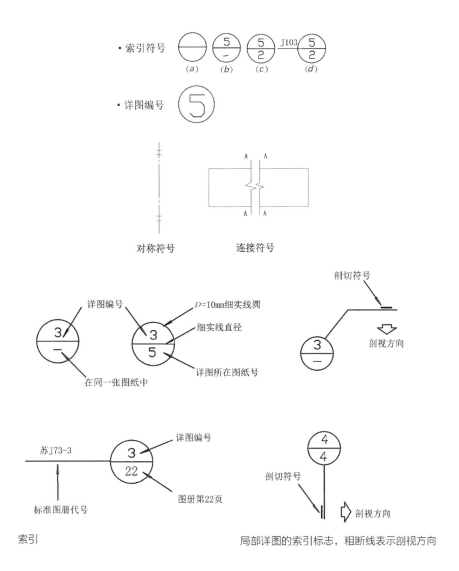

索引出的详图，如与被索引的详图同在一张图纸内，应在索引符号的上半圆中用阿拉伯数字注明该详图的编号，并在下半圆中间画一段水平细实线。

索引出的详图，如与被索引的详图不在同一张图纸内，应在索引符号的上半圆中用阿拉伯数字注明该详图的编号，在索引符号的下半圆中用阿拉伯数字注明该详图所在图纸的编号。

（2）对称符号和中心线

在图上为了省略对称部分的图面，用点划线加两条小平行线的符号称为对称符号。对称符号是表示该线的另一边图形与已经绘出的图形完全相同。

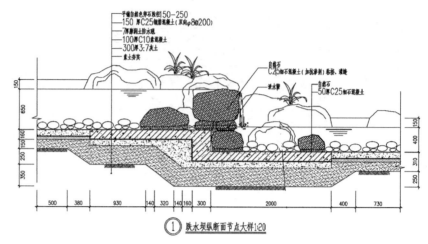

① 跌水坝纵断面节点大样1:20

多层结构的引出线和说明文字标注方法

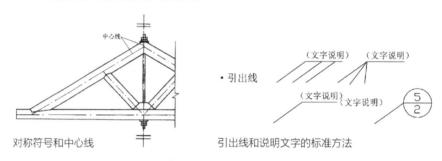

对称符号和中心线　　　　　　引出线和说明文字的标准方法

中心线用细点划线或中粗点划线绘制，是表示建筑物或构件、墙身的中心位置。

（3）连接符号

连接符号是用在连接切断的图形上的符号，可以表示两个构件相连接；也可用于表示因图纸有限而省略中间相同部分内容的绘图；还可以将分开的两部分分别绘制，在分开的地方用连接符号表示，这个符号便于我们看图时找到两个相连的部分，从而全面了解绘图内容。

（4）引出线

引出线应以细实线绘制，宜采用水平方向的直线，与水平方向成 30°、45°、60°、90° 的直线，或经上述角度再折为水平线。文字说明宜写在水平线的上方，也可以注写在水平线的端部。同时引出几个相同部分的引出线，宜互相平行，也可画成集中于一点的放射线。

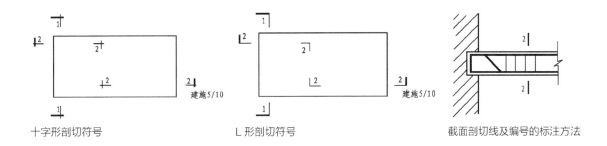

十字形剖切符号　　　　　　　　L 形剖切符号　　　　　　　　截面剖切线及编号的标注方法

多层结构或多层管道共用引出线，应通过被引出的各层。文字说明宜注写在水平线的上方，或注写在水平线的端部，说明的顺序应由上至下，并且文字说明的次序应与构造的层次一致。

（5）剖切符号

剖切符号是表示剖面的剖切位置和剖视方向的符号，建筑制图常用"十字形"或"L 形"剖切符号表示，其中细实线为剖切线，粗实线表示剖视方向，剖面图编号根据剖视方向注写于剖切线和剖视方向的一侧。剖面编号采用阿拉伯数字，按顺序连续编排。此外转折的剖切线（拐剖）的转折次数一般以一次为限。被剖切的图面与剖面图不在同一张图纸上时，宜在剖切线下注明剖面图所在图纸的图号。如构件的截面采用剖切线时，编号亦用阿拉伯数字，编号应根据剖视方向注写在剖切线的一侧，例如向左剖视的数字就写在左侧，向下剖视的，就写在剖切线下方。

8）尺寸标注（标注格式重点掌握）

（1）尺寸线对应细实线绘出

尺寸线在图上表示各部位的实际尺寸。它由尺寸线、尺寸界线、尺寸起止符组成。尺寸界线用竖短线表示，尺寸起止符为短斜线，一般与尺寸线成45°角，尺寸线与尺寸界线相交，相交处应适当延长，便于绘制尺寸起止符，尺寸数字应填写在尺寸线上方的中间位置。一般分定形尺寸、定位尺寸和总尺寸三个层次。

定形尺寸：用以确定图形中各组成部分的形状和大小尺寸。如图形中直线的长度、角度的大小、圆的半径等。

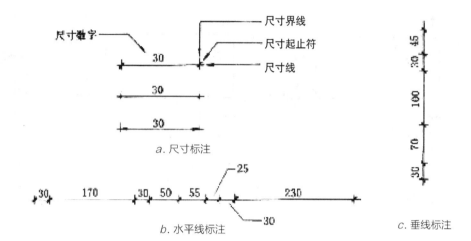

a. 尺寸标注

b. 水平线标注

c. 垂线标注

线段标注

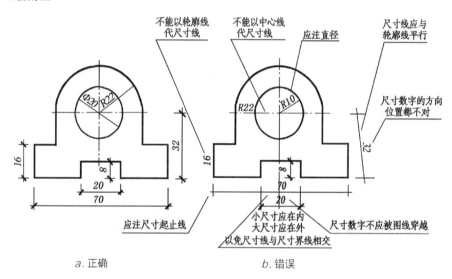

a. 正确

b. 错误

定位尺寸：用以确定图形中各组成部分之间或各组成部分与基准之间相对位置的尺寸称为定位尺寸，多结合"定位轴线"标注。

总体尺寸：用以确定图形总长、总宽、总高的尺寸。

一个尺寸只需标注一次，不要重复。尺寸注写应准确、清晰、美观，便于识读。尺寸标注时应注意尺寸的排列与布置。

（2）半径、直径、球等的尺寸标注

半径的尺寸标注

半径的尺寸线应一端从圆心开始，另一端画箭头指向圆弧。半径数字前应加注半径符"R"。

直径的尺寸标注

标注圆的直径尺寸时，直径数字前应加直径符号。较小圆的直径尺寸，可标注在圆外。

球的尺寸标注

标注球的半径尺寸时，应在尺寸数字前加注符号"*SR*"。标注球的直径尺寸时，应在尺寸数字前加注符号。

标注半径、直径和角度，尺寸起止符号不用45°短划线，而用箭头表示。

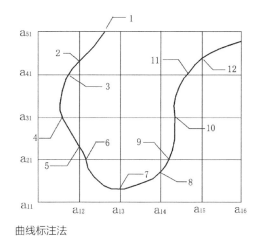

曲线标注法

（3）尺寸线倾斜时的标注方法

尺寸线倾斜时数字的方向应便于阅读，尽量避免在斜线范围内注写尺寸。

（4）其他标注方法

外形为非圆曲线的构件，可用坐标形式标注尺寸。

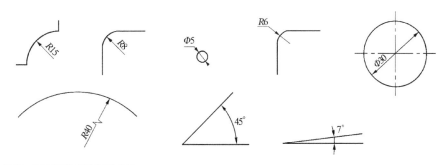

半径、直径和角度的标注方法

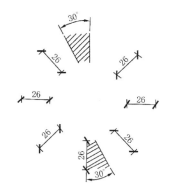

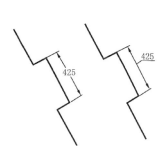

a. 尺寸数字的注写方向及位置　　　　　*b.* 尺寸数字在斜线区内的注写形式

• 复杂的图形，可用网格形式标注尺寸。

9）标高的标注

标高的单位为米，图上不必注明，一般注写到小数点以后第三位。标高的标注符号上（下）应加注高程数字，零点标高注写为 ±0.000，正数标高不注"+"，负数标高应注"-"。

水面高程（水位）符号同立面高程符号，并在水面线以下绘三条细实线。

绝对标高是以海平面高度为 0 点的，图纸上某处所注绝对标高高度，就是说明该图面上某处的高度比海平面高出多少。绝对标高一般只用在总平面上，绝对标高的图式是黑色三角形。

10）坡度的标注

坡度 = 两点间的高度差（通常为 1）/ 两点间的水平距离。

标注坡度时，应加注坡度符号"→"，该符号为单面箭头，箭头应指向下坡方向。

坡度平缓时，坡度可用百分数表示。

对于道路或者铺装等区域除了要标注排水方向和排水坡度之外，还要标注坡长，一般排水坡度标注在坡度线的上方，坡长标注在坡度线的下

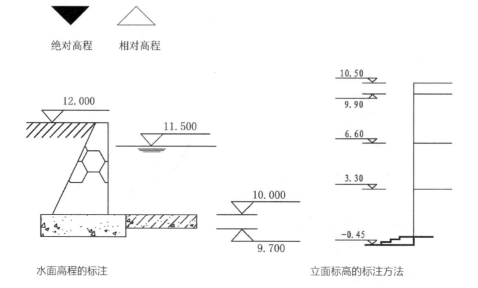

绝对高程　相对高程

水面高程的标注　　　　　　　　立面标高的标注方法

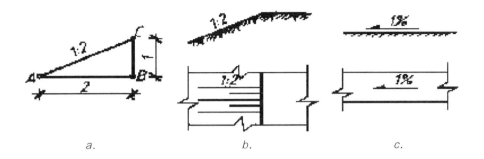

a.   b.   c.

方，如：

$$\overrightarrow{i=0\ \ 3}$$

表示坡长 45.23m，坡度为 0.3%。

4.1.3 常用制图工具

常用制图工具包括图板、丁字尺、三角板、比例尺、铅笔、绘图墨水笔、绘图彩笔、圆规、分规、曲线板、制图模板和擦图片等。工具线条图就是使用绘图工具（丁字尺、圆规、三角板等）工整地绘制出来的图样。

1）绘图板

图板是画图时把图纸放在上面进行绘图的木板，表明磨光。图板大小根据图纸型号的大小约分为三种。大号的能放下 A0 号图纸，中、小号的可以放 A2 ~ A4 号图纸。

2）丁字尺和三角板

丁字尺形状如 T，故称丁字尺。主要是在图板上绘制水平线的工具。尺的大小以长向的长短而定。

三角板是配合丁字尺绘制竖直方向的线条或斜向线条的工具。

丁字尺和三角板是最主要的绘图工具，使用过程中必须保持干净清洁，使用要点：

——丁字尺尺头要紧靠图板左侧

——三角板必须紧靠丁字尺尺边，一般以一直角边靠在丁字尺尺边上

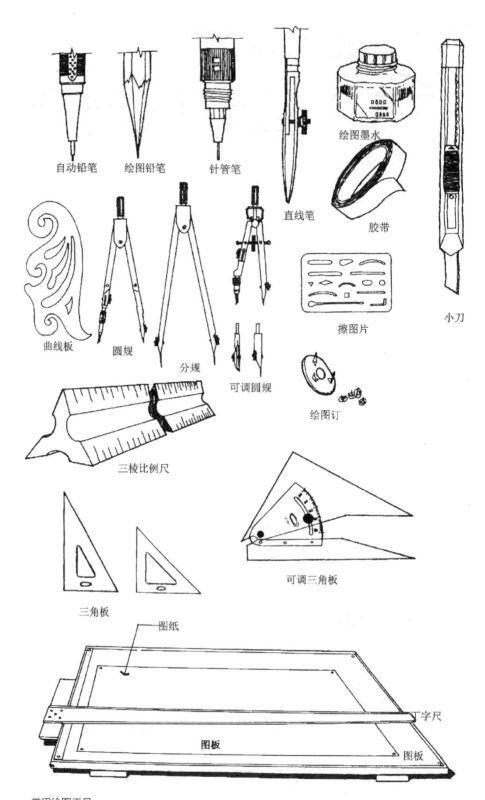

自动铅笔　　绘图铅笔　　针管笔

绘图墨水

直线笔

胶带

小刀

曲线板　　圆规

分规

可调圆规

擦图片

绘图订

三棱比例尺

可调三角板

三角板

图纸

丁字尺

图板

图板

常用绘图工具
资料来源：引自《风景园林设计》第三版，王晓俊著

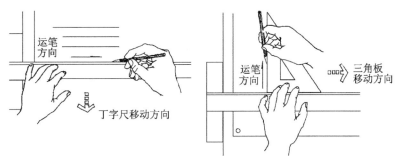

丁字尺的基本用法

——水平移动丁字尺画水平直线

——左右移动三角板画垂直直线，注意将三角板向远离所绘直线的方向移动

——不得使用丁字尺工作边裁图

3）比例尺

比例尺是绘图时用来放大或缩小尺寸的工具。常用三棱比例尺有三个面六种刻度，比例尺上的数字以米（m）为单位。一般比例尺上常见的比例有：1：100，1：200，1：250，1：300，1：500，1：600。比例尺上刻度所标注的长度，代表事物的长度，即图上距离与实际距离之比，如使用1：100比例尺上的"1m刻度"所绘"线段"，代表实物的实际尺寸为1m。

4）圆规和分规

圆规用于画圆和圆弧、等分线段、量取线段长度等基本几何作图。分规主要用于等分线段或圆弧、量取线段长度，可以用圆规代替，使用圆规和分规时应注意保护圆心。

5）绘图铅笔和橡皮

铅笔线条多用于起稿和方案草图，常用的木质绘图铅笔根据笔芯的软硬程度分为B型（B～6B）和H型（H～6H），以"HB"为界削铅笔时一定要注意保留有标号的一端，笔芯露出5～6mm左右为宜。常用型号为B、HB、H、2H等。绘图橡皮有多种颜色和材料之分，一般选用白色较柔软的绘图橡皮为宜。

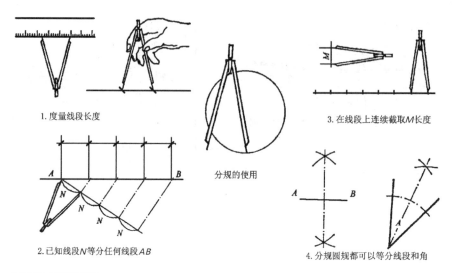

1. 度量线段长度

分规的使用

3. 在线段上连续截取M长度

2. 已知线段N等分任何线段AB

4. 分规圆规都可以等分线段和角

立面标高的标注方法

资料来源：田学哲主编.建筑初步（第二版）.

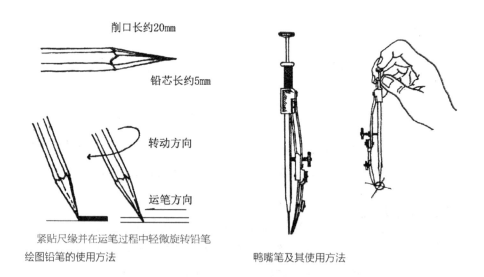

削口长约20mm

铅芯长约5mm

转动方向

运笔方向

紧贴尺缘并在运笔过程中轻微旋转铅笔

绘图铅笔的使用方法

鸭嘴笔及其使用方法

6）绘图笔

在铅笔底稿上加墨线用的绘图笔有鸭嘴笔和针管笔两种，两种绘图笔都可以使用碳素墨水和绘图墨水。碳素墨水绘图色泽饱满，图面表达效果鲜明；绘图墨水含有胶质，不易受水潮湿后化去痕迹。两种绘图笔都应注意在绘图后或长时间不用时及时清洗，尤其是针管笔在使用碳素墨水绘图之后要及时清洗，以免墨水干后堵塞通针。

鸭嘴笔又名直线笔，使用时在"鸭嘴"内侧上墨，外侧保持清洁无墨迹，以免洇开，使用时通过调节笔上的螺母改变线宽。由于鸭嘴笔的上墨、线宽以及画线时与尺边保持的适当距离都较难把握，现在使用范围已经很小。

针管笔为目前较常用的墨线图绘制工具，笔型分为粗、中、细等不同的型号，使用方法简单、易于掌握。并且因为笔尖软硬适中，所绘线条流畅、挺拔，也常常成为钢笔徒手图的首选工具。

4.1.4　制图方法及步骤

1）绘图前的准备工作

根据所绘图样的内容、大小和比例，准备好所需的工具和仪器，选定图纸的幅面大小，并固定在图板的左下方，图纸距图板底边应有一个丁字尺的距离。

绘图纸除了常用的普通白色绘图纸，还可以根据表现需要自行选择彩色卡纸、硫酸纸进行绘图。

2）确定比例合理布图

在绘图准备充分后，就可以绘制铅笔线稿了。首先根据设计需要或图纸大小确定绘图比例，所选比例必须保证图纸能够容下所绘的图，而且四边留有余地；其次还要考虑如何在图纸上进行排版和布图，以使图面排布疏密有致、重

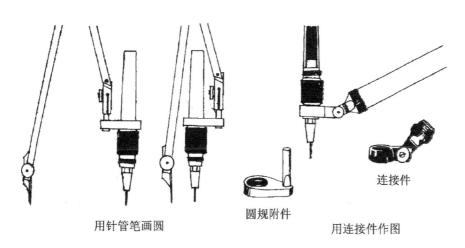

用针管笔画圆　　　圆规附件　　　连接件　　用连接件作图

圆规附件和连接件的使用方法

点突出，图形分布合理、协调匀称，体现出设计师应有的修养。

3）画稿线

选用稍硬的铅笔（H 或 2H）绘制稿线图，绘稿线时，先绘轴线、中心线，再画主要轮廓线，而后绘制细部线条，最后绘尺寸线、尺寸界线、图例及字格等。图线要粗细分明，轮廓清晰。

底稿线完成经仔细检查核对无误后，用较软的铅笔（HB ~ 2B）进行加深。基本步骤如下：

（1）选定比例，布置图面，使图形在图纸上的位置适中。

（2）选定基准线，对于对称图形一般以对称轴线作为基准线。

（3）绘制所有大小和位置都已确定的已知线段。

（4）根据图中所给尺寸或几何作图的方法绘制其他线段。

（5）整理全图并加深线型。

（6）标注尺寸：先标定形尺寸，再标定位尺寸，最后标注总体尺寸。

4）上墨

需要长期保存的图都要上墨，上墨常用针管笔（鸭嘴笔）来完成，上墨时应注意所绘图样的准确和图面的清洁。

上墨线之前要将图纸表面用软毛刷或软布把纸上的铅笔屑、橡皮屑等污屑清理干净。注意上墨线的绘制程序，避免墨迹未干的情况下被绘图工具拖带造成的图面污染。

4.2 构景要素的绘制方法

要点：

本节主要应掌握包括地形、红线、道路、水体、植物等构景要素的绘制方法

景观设计过程中需要认真考虑场地的地形、道路、水体、驳岸、植物、建筑、红线等诸多构成景观环境的元素，在这里我们统称之为构景要素。

4.2.1 地形 [1]

1）地形的表示方法

等高线法

等高线法是以平面的形式表达地形高低变化的方法。每一条等高线都由地面高程相同的曲线组成。对于识图经验丰富的人们，地形图上的等高线可以传递出更多的信息，而不仅仅是地表的形态。例如，可以从流水对地表的侵蚀形式看出或者推断出地表是干燥的还是潮湿的；可以根据等高线展示出的侵蚀地貌，对某一区域的土壤类型和地质状况作出大致的科学推测。还可以从平面图上看出地表是怎样在外力的作用下形成的，并从中了解场地的特点，为后续的建设作好准备。

在自然界几乎不存在完全平整的面，通过等高线，人类可以对自然界的任何一块土地在二维平面上进行表达。

一个地面的等高线的形成，就犹如切片面包一样。从认定的一个水平面开始（即与所处地面平行的面），以相同的间隔切开。起伏的地面形成一个个片，把每一个片的边缘线取出来，叠落在水平面上，就形成了表达三维形态的等高线。

因此，等高线是将相同高程的点连接而成的曲线。等高线上高程标注数字的字头朝向上坡方向。

相邻的两条等高线，两者的水平距离称为等高线间距，两者的垂直距离（即高差）称为等高距。

---

1 参考：闫寒 . 建筑学场地设计 [J]. 中国建筑工业出版社，2006.

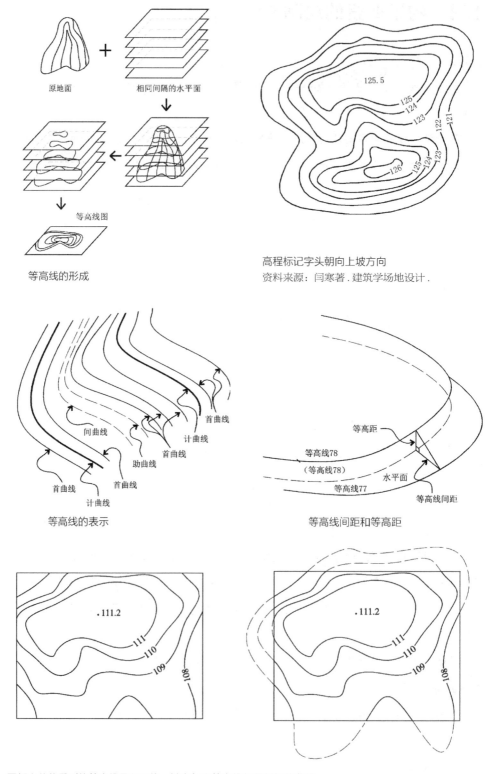

等高线的形成

高程标记字头朝向上坡方向
资料来源：闫寒著.建筑学场地设计.

等高线的表示

等高线间距和等高距

图纸上往往看到的等高线是断开的，其实每个等高线都是封闭的曲线
资料来源：闫寒著.建筑学场地设计.

对于某张地形图来说，等高距是固定的，而等高线间距一般是变化不定的，除非地形是斜平面或非常有规律的起伏变化才会出现相等的等高线间距。

在大、中比例尺地形图上，为便于读图，将等高线分为基本等高线（首曲线）、加粗等高线（计曲线）、半距等高线（间曲线）、1/4 距等高线（助曲线）。

首曲线：按相应比例尺规定的等高距测绘的等高线，图上用细实线表示。

计曲线：为方便查看等高线的高程，规定从零米起算，每隔 4 条基本等高线加粗成粗实线。

间曲线：按等高距的 1/2 测绘的等高线，用与首曲线等宽的虚线表示，补充显示局部形态。

助曲线：按等高距的 1/4 测绘的等高线，用与首曲线等宽的虚线表示，补充显示间曲线无法描述清楚的局部形态。

等高线是实际并不存在的线，是人为的一种描述大地起伏特征的工具，是其他地形表示法的基础，也是地形表示法中最具可行性、最有使用价值的一种方法。在地形改造设计中，为了便于区别，原有等高线用虚线绘制，设计等高线用实线绘制。在地形图中还必须标注绘图比例。

等高线高程单位是米（m），并具有如下一些特征：等高线一般是封闭曲线；除悬崖峭壁的地方外，等高线不相交；由等高线可以从平面图看出地形的高低起伏。

等高线越密表明地势越陡，反之地势越平坦。若等高线的高程中间高而外面低，则表示山丘，反之表示洼地。相邻两等高线的高度差和水平距离之比，就是该处的地面坡度。

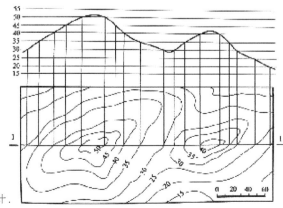

山地的标高投影图

资料来源：闫寒著．建筑学场地设计．

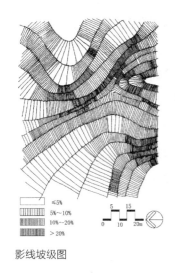

	≤5%
	5%~10%
	10%~20%
	>20%

影线坡级图

高程标注法

每个国家都会有一个固定点作为国家地形的零点高程，依此形成的地形图中高程就是绝对高程（或称海拔），一般要求规划部门提供的地形图中所表达的都为绝对高程（中国以青岛港验潮站的长期观测资料推算出的黄海平均海面作为中国的水准基面，即零高程面。以海平面为参照时，绝对高程也可称为海拔高程）。标高符号为涂黑的倒三角形。

在局部地区，常常以附近某个特征性强或可视为固定不变的某点作为高程起算的基准面，由此形成相对高程（或称为相对标高）。标高符号为细实线绘制的倒三角形。

另外，地形还可以用地形分布法和坡级法表示，在景观环境设计中常用等高线法和高程标注法标示地形的变化。

2) 山脊、山谷、山顶和洼地

往往有起伏的山地都会出现凸起的脊背状走向，称之为山脊；相应的把凹下的带状走向称之为山谷。通常山脊线称为雨水的分水线，而山谷线称为雨水的合水线。只有多条等高线才能体现出分水线，山脊的走向决定着分水线的位置。

山顶、凹地（指比周围地面低，且经常无水的低地）在图上都是用闭合的、最小的等高线环圈显示的。为了区分山顶、凹地，在绘制地形图时规定，表示凹地的等高线一定要加绘"示坡线"，山顶可加可不加。示坡线是指与等高线环圈垂直相连的线段，与等高线相连的一端，指的是上坡方向；与等高线不相连的一端指的是下坡方向，即指向高程降低的方向。

山顶可以只有一个最高点，也可能有许多最高点，这些高点之间形成马鞍形坡地。

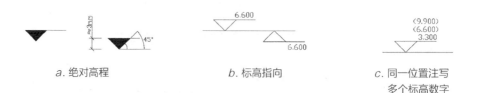

a. 绝对高程　　　　　　b. 标高指向　　　　　c. 同一位置注写
　　　　　　　　　　　　　　　　　　　　　　　多个标高数字

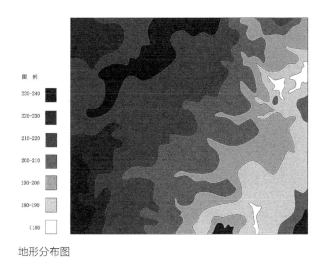

图例

230-240	■
220-230	■
210-220	■
200-210	■
190-200	■
180-190	■
＜180	□

地形分布图

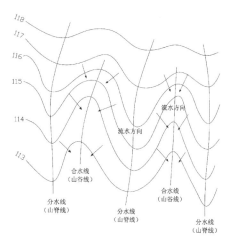

分水线和合水线

资料来源：闫寒著. 建筑学场地设计.

3）地形图主要图例

（1）山丘

山丘是等高线呈封闭状环围，高程越高等高线环围面积越小。

（2）盆地

盆地是面积比较大的等高线呈环围封闭状，逐渐凹下的地貌状态，犹如盆状。凹地与盆地的区别主要在于凹地是突然比周围地面低下，且经常无水的低地。

（3）峭壁

峭壁是比较高的、接近垂直于水平面的坡地，往往植被不易在其坡面上落根，且常受流水冲刷和风蚀，大多为裸露土状态。用枝条状线段表示。

（4）冲沟

冲沟是指由汇集在一起的地表径流冲刷破坏土壤及其母质，形成切入地表及以下的土壤沟壑侵蚀形式。面蚀产生的细沟，被地表径流侵蚀加深，不能被耕作所平复时，变成侵沟蚀，侵蚀的水流更加集中，下切深度越来越大，横断面呈"U"形，就形成了冲沟。

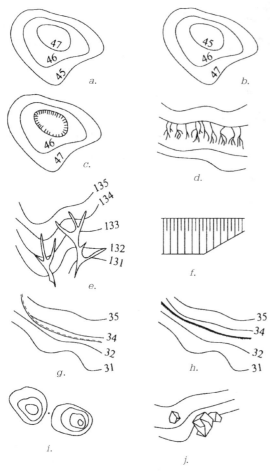

a. 山丘；b. 盆地；c. 凹地；d. 峭壁；e. 冲沟；f. 护坡；
g. 挡土墙；h. 土坎；i. 鞍部；j. 露岩
地形图主要图例
资料来源：闫寒著. 建筑学场地设计.

（5）护坡

护坡是保护边坡处土壤不被流水等侵蚀的构造体。分为砌石护坡、抛石护坡、混凝土护坡、喷浆护坡、砌石草皮护坡等。用平行排列的垂线表示，垂线密的一侧为坡顶。

（6）挡土墙

挡土墙是防止边坡风化剥蚀、冲刷和坍塌而设置的结构体。用粗虚线表示被挡土的一侧。

（7）土坎

土坎是顺等高线平行方向产生突然的跌落高差的地貌状况。用带有黑色三角形排列的线条表示，黑色三角形指向低处。

（8）鞍部

两组等高线凸弯相对之间形成鞍部。

（9）露岩

露岩是突出显露的岩石。用岩石形象来表示。

4.2.2　红线

红线主要指道路红线、用地红线（征地红线）、建筑控制线（建筑红线）。

（1）道路红线

道路红线即规划的城市道路路幅的边界控制线，一般平行于道路中心线。道路红线宽指两条红线的距离，而不是道路红线和道路中心线的宽度。

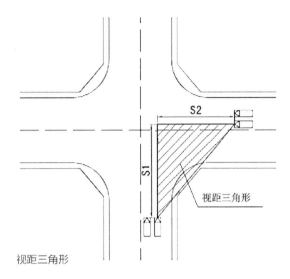

视距三角形

道路平面交叉口上有机动车通行时，必须设计视角红线，进行切角。

（2）用地红线和建筑控制线

用地红线也称征地红线，即规划管理部门按照城市总体规划和节约用地的原则，核定或审批建设用地的位置和范围线。也即是基地范围线。

建筑控制线，也称建筑红线，即建筑物基底位置（如外墙、台阶等）的边界控制线。建筑控制线按要求，需后退道路红线一定的距离，特殊情况下，才能与道路红线或用地红线发生重合。

因此，一般的城市用地红线会比建筑红线范围面积大，用地范围除了包括建筑用地范围，还包括室外停车场地、绿化及与相邻建筑的空间距离等。建筑后退道路红线地带一般作为人行道的延伸，与人行道视为一个整体加以考虑，铺装、绿化、小品等与人行道一同设计。

4.2.3 道路与场地

1）道路

在城市空间层面，道路主要分为快速路、主干道、次干道、支路。在居住区空间中，道路系统可以分为居住区级道路、小区级道路、组团级道路、宅间路。在各类绿地空间中，道路又分为主园路、次园路、小径。各种不同级别的道路互相联系共同构成城市道路网络。道路的组成包括道路红线范围

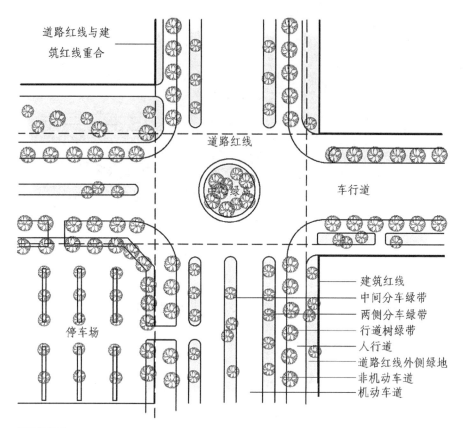

道路红线与建筑红线重合

道路红线

中央绿岛

车行道

建筑红线
中间分车绿带
两侧分车绿带
行道树绿带
人行道
道路红线外侧绿地
非机动车道
机动车道

停车场

道路的组成

内的所有内容。

道路是空间环境的骨架，起着组织空间、引导人流（车流）、交通联系并提供散步休息场所的作用。

在尺度比较大的总平面图中，按比例画出相应宽度的线即表示道路，而在局部平面或尺度比较小的平面图中，需画双线表示道路及镶边石（道牙石）。对铺装路面可按设计图案简略画出。

居住区道路

（1）居住区级道路

一个居住区可以由几个居住小区或者组团构成，居住区级道路是整个居住区的主干道路，主要作用是衔接城市道路网络系统，解决居住区内外交通的问题，并联系各居住区小区或者组团。一般其车行道宽度不应小于9m，道路红线宽度一般为 20 ～ 30m。

（2）居住小区级道路

居住小区中的主干道，连接居住区级道路，解决居住小区内部的交通，划分和联系居住小区内的组团、公共建筑以及中心绿地。车行道宽度应允许两辆机动车对开通行，宽度为 5 ~ 8m；人行道宽度 1.5 ~ 2m，道路红线宽度一般为 10 ~ 14m；需敷设管线的不宜小于 14m；无供热管线的不宜小于 10m。

（3）居住组团级道路

组团级道路是连接小区级道路和宅间路的道路，是居住小区内的支路，用以解决住宅组群的内外交通联系。车行宽度一般为 4 ~ 6m。

（4）宅间路

宅间路是居住区道路系统的末梢，是住宅建筑之间通向各户或各单元门前的小路，主要为自行车和步行通行道路，但要满足垃圾清理、救护、消防等车辆通行的需要。

园路

（1）主路

主路用来联系各个功能分区，要能贯穿各个景区、主要景点和活动设施，形成整体骨架和回环，因此主路最宽一般为 3 ~ 7 m。结构上必须能适应车辆承载的要求。路面结构一般采用沥青混凝土、黑色碎石加沥青砂封面、水泥混凝土铺筑或预制混凝土块（500mm×500mm×1000mm）等。主路图案的拼装应尽量统一、协调。

（2）支路

支路是各个分景区内部的骨架，联系着各个景点，对主路起辅助作用并与附近的景区相联系，路宽依据游人容量、流量、功能及活动内容等因素而定，宽度 3 ~ 5m。

（3）小径

小径又称游步道，是支路的进一步细化，与周围的景物相互渗透、融合，引导游人深入景点内部。是联系景观节点的捷径，最能体现艺术性的部分。一般而言，单人行的道路宽度为 0.8 ~ 1.0 m，双人行 1.2 ~ 1.8 m，三人行 1.8 ~ 2.2 m。材料多选用简洁、粗犷、质朴的自然石材（片岩、条石、卵石等）。它像脉络一样，把园林的各个景区景点联成整体。

消防通道

合理的消防通道设计,能够对消防车和消防队员顺利救火产生很大的作用。一般大型体育馆、展览馆、会堂以及高层建筑周围,需设计环形消防车通道,其他建筑也需考虑适合的消防车通行道路,消防车道的净宽度和净高度均应≥ 4m。消防车道距离高层建筑外墙宜 > 5m,道路与建筑之间不应有妨碍登高消防车操作的树木、架空管线等障碍物。尽端式消防通道应设有回车道或回车场地,一般消防车最小转弯半径为12m。

2)场地

场地与外部空间模数

场地是对环境景观中"面"状基面的总称,是人们在室外环境中聚集、停留,进行各种活动的场所。一般包括城市公共性广场、城市道路的派生场地、区域内部的场地等。

区域内部场地既涵盖一些独立区域如校园、居住小区、工厂等环境中的"面"状硬质地面,也包括有独立领域的一些单体建筑如办公楼、商场、住宅周围的场地以及内院。相对于城市广场和城市道路的派生场地,区域内部场地大多既不为建筑群所围绕,也不与线性道路相渗透,更多的是与周围的场地和某些建筑物相关联。

人们的视距以25m左右为视觉模数,25m内能看清对面物体的形象。芦原义信在《外部空间设计》一书中提出的"外部空间模数",以25m作为外部空间的基本模数尺度。设计中可以按25m左右的距离进行空间转换,布置节点及小环境,为人们提供更为丰富的活动交往场所和景观视觉节点。

停车场地

停车场地作为静态交通设施,对动态交通具有不可忽视的作用。两者互相影响、协调发挥作用,因此,停车场地的选择需要注意考虑必要的影响因素:合理的服务半径、汽车可达性、相通街道的通行能力、与总体规划的协调等。

停车场地的设计需要严格按规范要求的防火分类和防火间距进行设计，停车库还需考虑必要的消防通道设计。

停车场地内建议不宜采用双向通车道，只有在特殊情况下适当采取。

（1）停车场出入口的设计

出入口不宜设在主干道上，可设在次干道或支路上，并远离交叉口；不得设在人行横道，公共交通停靠站及桥隧引道处。出入口的数量与场地停车位数量成正比，车位越多，出入口的数量也相应增加。

停车场地的出入口，距离城市道路的规划红线应 ≥ 7.5m。出入口处的车辆容易拥堵，所以出入口必须退出城市道路规划红线，留出 1.5 个车位长度，即 7.5m 以上的安全距离。

停车场地的出入口应有良好的视野，使驾驶员能够对于停车场地出入口外道路上的交通情况有所判断，避免因为驾驶员的视觉盲点造成交通上的麻烦。因此对于停车场地出入口有通视的要求：在距城市道路规划红线至少 9.5m 处作视点，视点 120° 范围内不应有遮挡视线的障碍物。

（2）进出车位所需的最小通车道宽度

汽车在直线阶段所要求的行驶宽度，和其转弯时所要求的行驶宽度是不同的。汽车进出车位时，大多需要在通车道上经过转弯动作才能完成，这样，通车道的宽度就要满足汽车进出停车位所需最小距离。

（3）车位布置

停车方式主要有垂直式、平行式、斜列式三种。

垂直式停放所需停车面最小，是一种常用的停车方式。这种方式布置的停车场一般采用车道宽6m，车位宽2.5m，车带宽5m的标准。最低限度也应确保车道宽5.5m，车位宽2.35m，车带宽5m的停车空间。

平行式停放是一种常见的路边停车的方式，适合停车带宽度较小的场所。一般此类停放方式停车场的标准尺寸：通道宽度3.8m以上，停车位长度为7m。

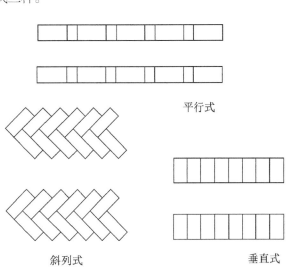

平行式

斜列式　　　　　　　垂直式

机动车的停放方式

斜列式停放可分为 30°、60°、45° 三种倾斜方式。30° 斜列式停放方式适用于整条停放车道狭窄的场所，但所需停车面积较大。60° 斜列式停放方式整条车道宽度需加大，车辆出入方便。采用 45° 交叉停放，整条停车车道无需太宽，且停车面积较小。

有轮椅通行的停车场，停车宽度应设计在 3.5m 以上。大型客车和公交车停车场的车位尺寸一般为 10 ～ 12m 长，3.5 ～ 4m 宽，如采用垂直停放方式，车道宽度应确保在 12m 以上，因此一般选择斜列式停车。

4.2.4　植物 [1]

环境景观设计中，乔木、灌木、树篱、地被和草地等是不可缺少的重要景物，并且常常作为表达的重点出现在画面中。植物的挑选、配置与周围环境密切相关，因此在景观设计制图中，宜根据具体设计项目考虑图面中的植物种类及其表达方法。如在公园、校园等开敞环境场所，设计中会尽可能选择高大乔木，以便树木长成后形成吸引人的空间环境和自然生态系统；狭小的庭院则以小乔木和灌木类花木为主，达到既不影响日照又能四季如春的庭院景观效果。

与建筑图和机械图不同，环境景观设计的技术制图中，植物、水体和石头等构景元素，如果不是利用计算机辅助设计绘图，具体的绘制表达需要借助徒手图的绘制方法来完成。植物的绘制有时也需要借助工具画出形体的轮廓，从而保证植物形态的刻画整洁、饱满、美观。由于植物形态差异很大，具体的表达方法也会有所不同。

1）树木

（1）树木的平面绘制方法

平面树的绘制应考虑栽植密度和间隔，林荫树一般株距 6 ～ 8m 左右，行道树 4 ～ 5m 左右。采用自然式栽植的树木在平面表达上应采用不等边三角形构图，避免直线排列。

1　参考：王晓俊著.风景园林设计 [M].江苏科学技术出版社，2009.

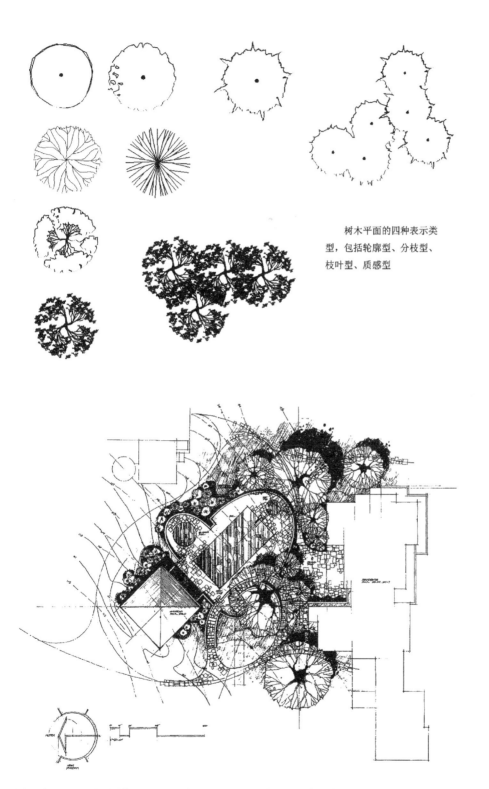

树木平面的四种表示类
型，包括轮廓型、分枝型、
枝叶型、质感型

树冠避让以及草地、铺装在平面图中的表达，画面强调刻画了中心景物
资料来源：[美]戴维·A·戴维斯，西奥多·D·沃克著.建筑平面表现图解.蔡红译.

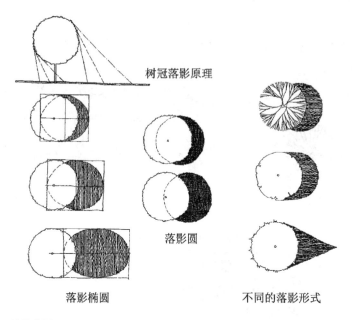

树冠落影原理

落影圆

落影椭圆

不同的落影形式

植物落影

乔木的平面宜给出树干的位置，并以树干位置为圆心作圆进行绘制。根据不同的表现手法可以将树木的平面分为轮廓树、枝干树、枝叶树和质感树四种类型。其平面直径通常应与该树木成年的冠径基本吻合，这一点在设计图中应加以注意。表示几株相连的树木平面时，应相互避让，使图面形成整体。表示成群的树木平面时可以连成一片，大多数时候只勾勒林缘线表示即可。

当需要表现大小植株相互覆盖时，因为林缘线起到界定空间的作用，绘制时可略加粗，再用细线"以大盖小"标出个体树木的位置，即用较大的树木平面覆盖部分小的树木平面，以使画面整洁生动。

灌木的平面标示方法可分为规则和不规则两种表示法，修剪的规则灌木平面可用轮廓、分枝和枝叶型表示，不规则形状的灌木平面可用轮廓型和质感型表示，表示时以栽植范围为准。

（2）树冠避让

当设计图中树下有道路、花坛、水面、硬化场地等较低矮的设计内容时，树木平面可通过简化的方法避让下面的设计内容。

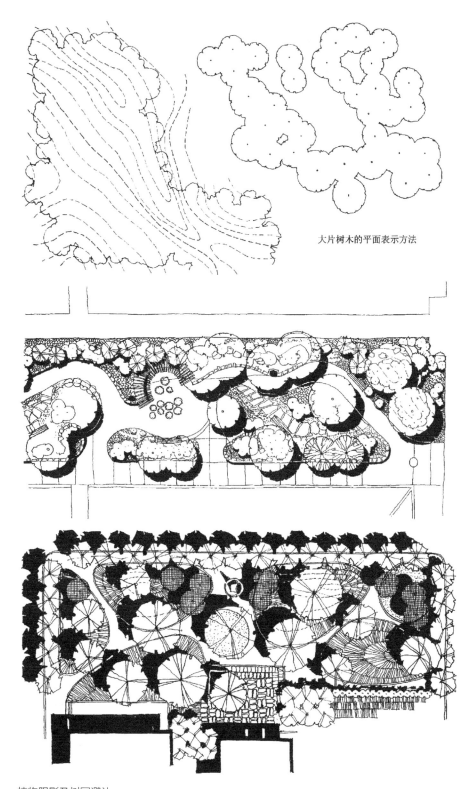

大片树木的平面表示方法

植物阴影及树冠避让
资料来源：王晓俊著.风景园林设计（第三版）.

（3）树木的平面落影

树木的平面落影是平面设计绘图的重要内容，它可以增强图面的对比效果和立体感，使图面显得更加生动、明快。树木的地面落影与树冠的形状、光线和地面条件有关。

（4）树木的立面绘制方法

树木立面表示方法也可分为轮廓、枝干、质感等类型，有写实的也有图案化、程式化的，其风格应与树木平面和整个图面相一致。

乔木的树干一般比较粗大，树皮较粗糙，常有凹凸不平的树节，故运笔强调力度，略有扭动，树干根部的干径略粗大，形成生长感。

灌木没有明显的主干，修剪的灌木和绿篱多为规则形状。

2）地被和草地

地被植物可以用轮廓或质感表现的形式，绘制时以栽植范围为准，用不规则的细线勾勒出地被的范围轮廓。

草地的表达方法很多，可以用打点和乱线表示，或用短线排出草地的质感。

4.2.5 水体和石头

1）水体

水面可采用线条法、等深线法、平涂法和添景法表示。前三种为直接的水面表示法，后一种为间接的水面表示法。

线条法表示的水面可分为静水和动水。为表达水之平静，常用拉长的平行线画水，平行线可以断续并留以空白表示受光部分。动水常用曲线表示，运笔时有规则的扭曲，形成网状，也可用波形线条来表示动水面。

等深线法是在靠近岸线的水面中，依岸线的曲折作二三根细实线曲线，这种类似于等高线的闭合曲线称为等深线。通常形状不规则的水面常用等深线法表示。

平涂法是完全涂黑或均匀排线的表示方法，可根据光影需要和图面效果适当进行退晕。

植物形态平立面的一致

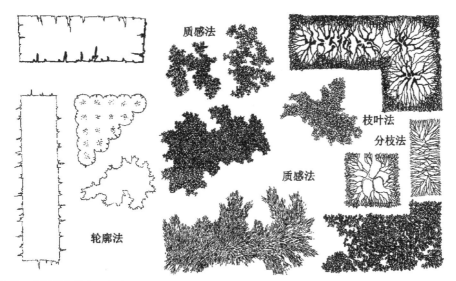

绿篱和地被植物的表示方法

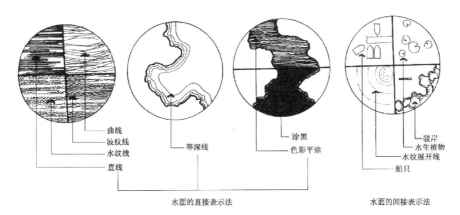

水面的几种画法
资料来源：王晓俊著．风景园林设计．

添景法是利用添加与水面有关的一些景物以表示水体的一种方法，包括水生植物、船只、码头、驳岸及其周围的水纹线等。

喷泉、激流与瀑布要表达出朝前、朝下的冲击力，运笔果断，表现水流的线条应略带弧形而有弹性。

2）山石

与地平面成竖向对比的山石在场景中也是极具对比性和表现性的景物。自然形态的石头姿态各异，有的棱角分明，有的圆滑浑厚，有的造型奇特，往往成为环境景观设计中的点睛之笔。

平面图、立面图中的石头通常只用线条勾勒轮廓线。轮廓线线条粗放，纹理用细实线稍加勾勒，以体现石块的体量感。不同的石块，其纹理不同，表现时应采用不同的笔触和线条。表现坚硬的石材需要果敢、有力的线条和笔触，表现圆润的卵石用笔则需更流畅。剖面上的石块，剖到的轮廓线应用粗实线表示。如果需要对画面上的石头区分明暗，线条排列应整齐有序，笔触应少而精，以体现石材结构的紧密、坚固。

4.2.6　铺装及景观建筑小品

铺装在平面图上与地被植物一样属于背景材料，铺筑图例多根据真实铺设情况加以简化而成。景观设计中的道路、场地因使用功能、造景要求等的不同，铺装形式和材料也会不同。铺筑材料种类很多，包括天然散石，鹅卵石，各种石板、砖、混凝土和沥青等。各类经过加工的石材和砖可以形成丰富的铺装图案，混凝土则十分适合浇筑自然形状的铺地，沥青和混凝土适合强度要求较高的铺面，各种石料铺面则常用于建筑物出入口、广场、人行道等场所。具体形式应该根据设计要求而定。

景观设计中，各类景观建筑小品包括凉亭、藤架，以及中国园林中的楼、台、亭、阁、水榭等，常作为环境景观的主体出现于画面中，其设计及制图方法宜参照建筑设计规范。无论凉亭还是藤架，皆为采用盘结藤萝等蔓生植物而形成的庇荫设施，可在炎热的夏日形成外部停留、休憩空间或清凉蔽日的通道。

a. 立面石块的画法

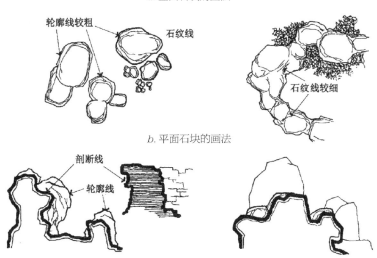

b. 平面石块的画法

c. 剖面石块的画法

山石的画法
资料来源：王晓俊著. 风景园林设计.

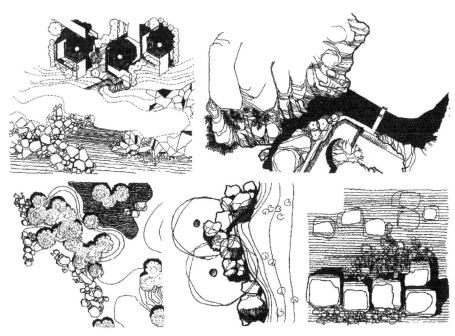

植物、水石在平面中的表达
资料来源：王晓俊著. 风景园林设计.

本章扩展阅读：

1.闫寒 . 建筑学场地设计 [M]. 中国建筑工业出版社，2006.

2 王晓俊著 . 风景园林设计 [M]. 江苏科学技术出版社，2009.

5 景观设计表现技法

◆ 表现基础

　　基本知识

　　图面表达

◆ 基本表现形式

　　传统表现形式

　　快速表现形式

第五章　景观设计表现技法

表现是代表或者象征一种理念、想法或物质世界的某些片段要素的图像。在景观和建筑设计领域里，当我们从这些表现形式中获取信息时，我们所进行的是一个认知和熟悉场地，以及展示和检验设计理念的过程。同时也是设计师向客户和施工人员传递想法的过程。表现形式具有许多不同的类型和技术手段，而且每一种都将呈现出一个全新的认知场地的方法和设计方案。不同类型的表现形式可以使设计师"感知"场地中的不同要素，同时，他们还可以加入自己的感知、情绪，以及对环境的理解。

虽然在现实中计算机应用已经遍布设计的各个环节，但是这些使用不同类型和方法的表现形式仍是不可代替的，而且它们还具有很大的提升和拓展空间，比如，在绘制工具的使用方面，激发设计潜力方面，以及设计师自身能力提高方面等。因此，本章讲述的表现形式主要以徒手表达为主，不包括计算机制图和技术制图在内。

5.1　表现基础

要点：

本节需重点了解和认识线条、色彩、空间感等基本知识，并学会在表现中有目的地加以运用。

5.1.1　基本知识

景观设计的表现一般目的明确，主要运用阴影透视和色彩关系的基本知识和原理，表现景观的色调、质感、体面、光影变化、空间效果等。

首先根据表达需要，选取需要表现的内容和视角，以投影、透视等方式绘制图样轮廓。透视图中相同大小的景物相对视点的位置遵循近大远小的规律，可通过视距、视角、视高的推敲、调整得到较为真实、理想的透视效果。其次

建筑及其环境的表现

(美)麦克·W·林著.建筑绘图与设计进阶教程.魏新译.

流畅放松的线条

彩色铅笔表现的排线方法及线条粗细变化

资料来源:(美)R.S.奥列弗著.奥列弗风景建筑速写.杨径青,杨志达译.

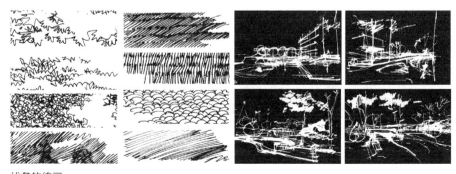

线条的练习

资料来源:thomas c.wang. sketching with markers.

根据光影关系组织表达光影变化、色调、质感、空间效果。色调和明暗的变化是表现材料、质感和空间的有效手段。

1）线条

线的练习是大多数徒手图表现的基础，看似简单，其实包含着虚实、轻重、曲直、快慢等诸多变化。如直线要有起笔、运笔和收笔，要有快慢、轻重的变化（如同写毛笔字的运笔方式），线要画得刚劲有力，给人扎实可信的印象；斜线要画得刚劲、有张力；曲线和波纹形要优美、豪放。要把线条画得放松自如、富有灵动的气势和生命，需要长期坚持不懈地进行大量的练习。中国画对线条的要求"如锥画沙"、"力透纸背"、"入木三分"体现了对线的理解。学习过程中可以先从直线、竖线、斜线、曲线等练起，然后再画几何形体，也可以画简单的一点透视和两点透视，既练习了线条又掌握了空间比例和透视关系。初学者经常练习徒手画还有助于提高对事物及其周围环境的观察、分析和表达能力。

线条可以采用规矩的排线方式，也可以采用随意而流畅的方式。常有细线条、粗线条和变化的线条几种线型的区分，不同的线条以及不同线条的组合表

排线练习及排线方法的图面效果
资料来源：sketching with markers. thomas c.wang

彩色线条和钢笔线条的混合效果

表现建筑物的规则刚硬的线条和表现植物的随意流畅的线条的统一

资料来源:(美)R. S. 奥列弗著. 奥列弗风景建筑速写. 杨径青,杨志达译.

现力也有所不同。线条可以表现明暗调子、渐变和退晕效果,创造韵律感,刻画丰富多彩的材质。

2)色彩

(1)颜色的多样性

在冬季,远看的一片绿色草地,近距离观察,你会发现草地实际是由很多颜色构成的——洋红、赭石、灰,还有绿色以及各种各样的黄色。自然景物、建筑室内外的颜色都存在着细微的差别。

(2)局部色调

忽略照明的影响,每个物体都有自身固有的明暗的特征,这一现象被称为局部色调。比如一块红砖要比一块白色的大理石"局部色调"要深,表面要暗。

(3)明暗配合

明暗的配合这一术语是指绘制物体光照的明暗阴影关系,目的是使其具有三维表现效果。位于阴影下的物体表面,和被照亮的表面一样,通常还保

建筑的颜色同时受到阳光、湖水、蓝天、树木的影响
资料来源：[美]麦克·W·林著.建筑绘图与设计进阶教程.魏新译.

注意环境色在画面中的表现，局部色调与明暗变化明显都会受到环境色、光源色或周围其他颜色的影响，形成色彩丰富的画面

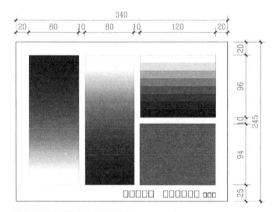

单色渲染的渐变与退晕练习

留了自己的本色，只是颜色要深一些，深浅的程度依赖于物体本身的局部色调。

（4）阴影和影子的颜色

在某些情况下，阴影和影子的颜色除了比物体本身的颜色深一些，还会受一些其他颜色的影响，如产生阴影和影子的光源本身就是有色光。在晴朗的天气里，建筑物的阴面被强烈的蓝色（天空的颜色）光源照亮，结果这些表面的颜色变成了建筑物本身的颜色和天空颜色的混合色。例如红砖建筑的阴面会略呈紫色。

对于中性色——白色或灰色，注意一下晴天时雪地、水泥地以及陈旧的沥青表面的影子，在这些表面上的影子都带有蓝色。被阳光照射的部分会显示出轻微的暖色，或者微微表现出一种带有淡粉色的橘黄色。这种效果被称为"同时对比"，当我们把一种颜色放置在一种中性色的旁边时，会出现这种情况。

（5）退晕／渐变效果

你是否注意到，在周围环境中的平坦表面上，几乎没有哪个表面呈现出完全一致的颜色和光照？多数的表面在颜色上都是不均匀的，往往从一种深浅状态过渡到另一种深浅状态。随着表面曲率的变化，会变得越来越明显，或者在表面上出现一个"亮点"，这就是渐变的效果。在面积较大的表面上，

大气透视呈现出的深远空间感
资料来源：（美）麦克·W·林著.建筑绘图与设计进阶教程.魏新译.

天地、村庄表现出的不同的质感和肌理效果
资料来源：（美）R. S. 奥列弗著.奥列弗风景建筑速写.杨径青，杨志达译.

这一现象尤为显著，很容易被察觉。在不光滑表面上，这种深浅的过渡通常较为平缓。

退晕一般用来表现大块的颜色明暗渐变效果，是一种十分有效的处理方法。我们常常根据表面反光、近处清新远处模糊以及视觉习惯等因素，对较大面积的色块如天空、墙面、地面等进行退晕处理，从而使画面更为细腻、生动，充满光感和空气感。

例如，在使用一种被称为"强制阴影"的绘画技巧时，在阴影区与被照亮区的分界线两旁，阴影区一侧，在逐渐靠近边界的过程中，颜色逐渐加深；而被照亮区域的颜色，在接近同一边界的过程中逐渐变浅。在表现光照时，这一绘画方法产生了意想不到的鲜明效果。

（6）大气透视

延伸到远处的景物，颜色会发生一定的变化。通常，颜色要变得浅一些，并逐渐变成冷色调（带有蓝色），同时颜色变得暗淡。部分原因是湿度、灰尘以及污染的影响，影响程度和景物与观察者之间的距离成正比。这种现象被称为"大气透视"。

人们在日常生活中的一些经验，实际上就是对大气透视的一种下意识的条件反射。冷色——蓝绿色、蓝色、紫蓝色——给观察者一种后退的感觉；相反，在色盘中与之相对的暖色——红色、黄红色、黄色——给观察者一种逼近的感觉，尤其是在冷色的邻接区域使用暖色的时候更是如此。

通过人物、台阶的尺度、光影变化等表现出来的空间感
资料来源：（美）R. S. 奥列弗著. 奥列弗风景建筑速写. 杨径青，杨志达译.

3）质感和肌理

质感是视觉或触觉对不同物态如固态、液态、气态的特质的感觉。肌理是指物体表面的组织纹理结构，即各种纵横交错、高低不平、粗糙平滑的纹理变化，是表达人对材料表面纹理特征的感受。

质感和肌理的表达是重要的表现技法之一，线条的粗细、曲直、疏密以及色彩和光影变化都可以创造出不同的质感和肌理特质。

4）空间感

景物的空间感应依照几何透视和空气透视的原理，描绘出物体之间的远近、层次、穿插等关系，使之在图面上传达出有深度的立体空间感觉。

首先，要使画面物体的形状符合透视规律、注意景物轮廓或边缘线的虚实处理，以使图面景物刻画符合近大远小的视觉习惯。其次，画面前后物体的刻画程度应有所区别，注意利用近实远虚的视觉经验。再次，确定和加强画面前后物体之间的明暗对比，通过相互映衬形成视觉上的深远感。

空间感还可以通过物体的尺度、光影变化等表现。最容易表现尺度感的是树木、篱笆、台阶、栏杆等人们非常熟悉的景物，表现图中的空间感可用粗细不同的线条来表现。

5.1.2　图面表达

1）构图

构图的基本形式有三角形、L形、V字形等，构图需注意画面整体统一，必须有全局观念，进行整体构思，处理好重点与一般、全局与局部的关系。而且要注意构图灵活、图面饱满，注意尺度、比例，均衡、稳定，比例适中，注重"黄金分割点"在构图中的作用。

2）取舍与概括

表现图着重刻画主题，强化意境和氛围，任何表现图中，都应该能够体现出作者的"取舍与概括"的素养。

"取"是保留，"舍"是去除，取舍的目的是使画面景物简练概括，主次分明，层次清晰，更加生动、集中，富有情趣和美感。

概括是指能够对事物进行整体把

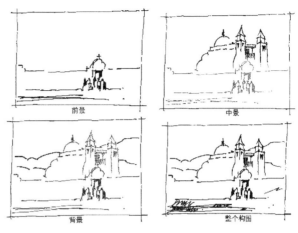

组成一个构图的三个重要成分

握，并能够抓住整体特征，优美而快速地加以摹写的一种能力。例如画一面砖墙，寥寥数笔表现的砖墙肌理，会比全面规整平铺生动、美妙得多；再如色彩概括，可以简单地理解为首先对色彩进行主观提炼，确立主色调，再对非主色调的色素进行简化概括，使之统一于主色之中。

3）突出重点

一幅题材丰富的画，如果宾主不分，则不但事倍功半，且又显得杂乱无章。所谓"密不透风、疏可跑马"，表达中应注意表现的主体。

绘画表现不同照相，照相在镜头所及范围内，景物不分主次，绘画则可以进行提炼、突出重点。如果主次配合得当，则浑然一体，相得益彰，既易取得统一集中的效果，又易于做到事半功倍。处理手法包括：使画面重点——即视觉中心居于画面中显要地位，一般置于近画面中心的位置；利用透视线的聚敛效果，将视线引向画面中心；增强明暗效果、调整亮度，加强画面的明暗对比，以突出视觉中心；适当进行丰富和省略，重点处细致刻画，材料质感和光影变化予以充分表现，远离重点时则逐渐放松省略，由实到虚；以人物车辆的集中，动态和引向指出画面重点所在；重点处用对比色，非重点处用调和色（黑、白、灰）等。

一幅完整的画面除了表达重点，一般还有多种题材需要表现。所有这些题材的组织须不散不乱，有机联系，整合统一在画面之中。笔触及风格也应统一协调，避免画面散落，出现多处重点。

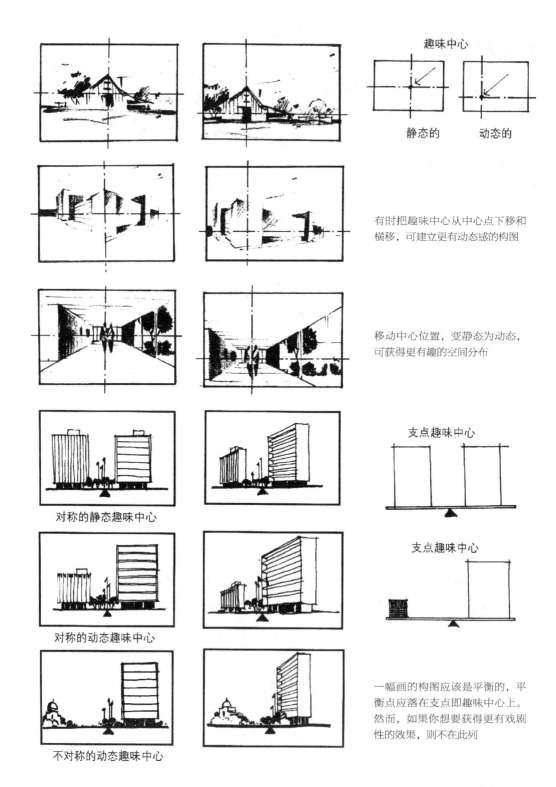

趣味中心

静态的　　　动态的

有时把趣味中心从中心点下移和横移，可建立更有动态感的构图

移动中心位置，变静态为动态，可获得更有趣的空间分布

对称的静态趣味中心

支点趣味中心

对称的动态趣味中心

支点趣味中心

不对称的动态趣味中心

一幅画的构图应该是平衡的，平衡点应落在支点即趣味中心上。然而，如果你想要获得更有戏剧性的效果，则不在此列

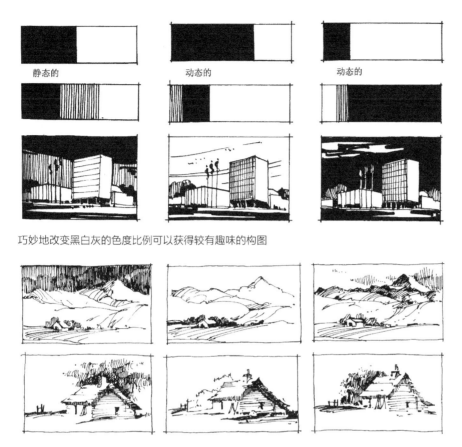

巧妙地改变黑白灰的色度比例可以获得较有趣味的构图

改变画面区域对比可以改变画面趣味点
资料来源：(美)R.S.奥列弗著.奥列弗风景建筑速写.杨径青，杨志达译.

把前景树留白，使构图更有趣，同时重点突出
资料来源：R.麦加里著.美国建筑画选——马克笔的魅力.白晨曦译.

5.2 基本表现形式

要点：

了解基本表现形式及其基本技法

景观设计的表现可以分为铅笔画、钢笔画、水墨渲染、水彩渲染、水粉画和钢笔淡彩、彩色铅笔表现、马克笔等多种形式，以描述工程形象为主题，有着鲜明的工程意义和具体的服务对象，除了为记载和再现已建成的环境景观场景之外，大部分表现图是在工程尚未建成时绘制成的，这些表现图可以向人们展示立体和具体的、有丰富的色彩、质感、光影变化、空间层次和环境氛围的拟建环境景观设计形象，可供环境景观规划、设计、展评等使用。与单纯的艺术绘画相比，除了要求表现得充分、鲜明、美观外，尤其重要的是准确、真实。

环境景观设计的表现图有别于单纯的环境景观艺术绘画。环境景观和建筑在美术家的笔下是作为一种艺术对象来刻画的，往往要经过艺术的加工和塑造，为达到强烈的感染力和生动的艺术魅力，对非主要或不影响刻画主题的次要形态、结构、材料、做法等不一定描述得十分精确，有些还会故意做一些艺术的夸张、变形、概括或省略……[1]

表现图的形式从技法方面可以分为传统表现形式和快速表现形式两类。传统表现形式主要包括铅笔画、钢笔画、水墨渲染、水彩渲染、水粉画等，表现效果丰富细腻、真实生动，在工程史上很长时期都十分受欢迎。但传统表现作画耗时较长，当计算机辅助设计能够代替设计师进行传统表现图的绘制工作之后，快速表现逐渐代替传统表现成为展示设计师个人修养和创作能力的有力工具；快速表现包括铅笔快速表现、钢笔快速表现、钢笔水彩表现、彩色铅笔表现、马克笔表现等，比较适合快速作画，进行快速的草图分析、构思及表达。

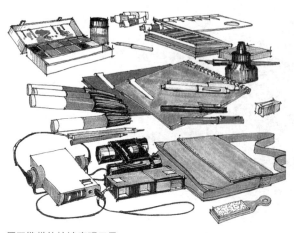

便于携带的快速表现工具

---

1 参考：高冀生.快速建筑画技法.清华大学出版社，1997.

　　在景观和建筑设计过程中，快速表现应用广泛，其与一般正式图的最大区别，在于有限的时间、概括而精彩的重点表现。因此要求设计者应具有精确取舍和高度概括的能力，以便突出重点，表现主体。主要使用工具有普通钢笔或尼龙头绘图笔，0.3～0.4mm 左右粗细。有马克笔、彩色铅笔、水彩、蜡笔、闪光点等。可选用描图纸、有色纸、复印纸或水彩纸、卡纸等纸张进行作画。

铅笔画的表现效果
J D Harding. On Drawing Trees and Nature.

5.2.1 传统表现形式

1）铅笔画和钢笔画

铅笔画和钢笔画在这里主要指环境景观以及建筑物的铅笔素描和钢笔素描。铅笔和钢笔都是最基本的绘图工具，优点在于工具简便、易于携带，作画快捷方便，铅笔画还有易于修改、图面效果较好等特点。钢笔画则由于钢笔本身特点的限制而缺乏丰富的灰色调。

根据画面的需求，铅笔的握笔姿势可以有垂直、倾斜和水平三种。大多数情况下用正常写字的方式来握笔，但比起写字来，运笔的自由度要大得多。对于极其奔放和有力的线条，需要把铅笔的另一端握在手掌中以便于大幅度地挥动手臂，甚至还可以手心反转向上用笔，这样可以大大提高画线的速度。为了用笔尖刻画暗面色调细微的变化则常常使用垂直握笔的姿势。

在钢笔画中线条成为最活跃的表现因素，它的特征主要是以单线形式表现景物。常用同一粗细（或略有粗细变化），同样深浅的钢笔线条加以组合，来表现建筑及环境的形体轮廓、空间层次、光影变化和材料质感等。

铅笔画和钢笔画的色调都要有平涂和退晕等表达方式，铅笔画的线条有的和钢笔画一样，清晰可辨，还有的经过充分融合，每根线条都已经失去了各自的特性，表现出更加细腻写实的画面风格。

要掌握铅笔和钢笔的使用，最好从画线开始。铅笔线条和钢笔线条的种类多达数百种：长线和短线，细线、中粗线和粗线，直线和曲线，断线和连续线，点线和虚线等，在练习过程中可以选用不同种类的纸和不同类型的笔，配合适当的握笔姿势，以不同的力度和速度做画线练习。

2）水墨渲染

水墨渲染表达细腻、层次清晰，体量、光感强烈，但由于绘制麻烦，不表现色彩，现在很少采用。它需要通过裱纸过滤墨汁母

麻省理工学院威勒斯·伯斯沃斯用钢笔作画的斯芬克斯狮身人面像雕像

资料来源：(美)史蒂芬·克里蒙特.建筑速写与表现图.刘念雄，刘念伟译.

水彩复色渲染（学生课程作业）

液并用大小毛笔及排笔等逐层渲染叠加完成。主要工具为墨段
或墨汁、砚台、水粉笔、容器、水桶等。

3）水彩渲染

水彩渲染是基本的表现技法之一。它通过水来调和水彩颜
料，在图纸上逐层染色，通过颜料的颜色、浓、淡、深、浅来
表现对象的形体、光影和质感。水彩颜料是透明的绘画颜料，
因此，在渲染时可以采用多层次重叠覆盖以取得多层次色彩组
合的、比较含蓄的色彩效果。缺点是制作复杂，色阶对比不如
水粉强烈。

水墨渲染（《建筑初步》第二版.田
学哲主编）

水彩渲染应采用质地较韧、纸面纹理较细而又有一定吸
水能力的图纸，一般采用水彩纸裱纸作图。另外还需要水彩颜料、毛笔、水
桶等。

技法大体与水墨渲染相同，以铅笔线条作轮廓，通过平涂或退晕等方式逐
步叠加着色。水彩渲染靠色彩塑造形体，在铅笔底稿的基础上着色，完成的渲
染作品，铅笔线稿可以辅助表现形体轮廓，但不表现明暗关系。作画用纸要求
用高质量的水彩纸或纸板，也可以用普通水彩纸。需要好裱纸作画，以避免水
彩纸着色后发生翘曲。

水粉室内透视效果图 学生作业

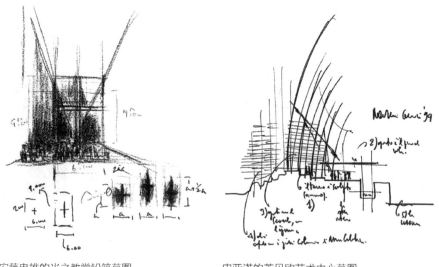

安藤忠雄的光之教堂铅笔草图　　　　皮亚诺的芝贝欧艺术中心草图

4）水粉画

　　水粉画表达效果鲜明、强烈，具有较强的写实性，水粉颜料具有不透明性，可以叠加覆盖，有利于画面形象与色彩的调整与修改。上色宜先深后浅，上色后再勾画轮廓，强调用笔触造型，一般是等画面基本颜色画完后用鸭嘴笔上相似的颜色，细心刻画物体形状的边缘和轮廓，以获得精致的效果。水粉画较渲染制作过程简单，常被用于表现设计的透视效果图。主要工具为水粉颜料、水粉笔、调色盘、水桶等。需裱纸作图。

5.2.2　快速表现形式

1）铅笔快速表现

铅笔快速表现由于作画快捷方便，易于修改，多用于记录和收集资料、绘制设计草图和底稿、进行方案推敲等。工具为各种型号绘图铅笔、绘图纸、拷贝纸、硫酸纸、复印纸。

2）钢笔快速表现

建筑学以"徒手钢笔图"特指钢笔快速表现，也简称钢笔画，十分形象而且具有很强的专业意味，因此这里也用来指称环境景观设计领域的钢笔快速表现。

徒手钢笔图主要用于收集资料、快速表现、设计草图；可作初步设计的表

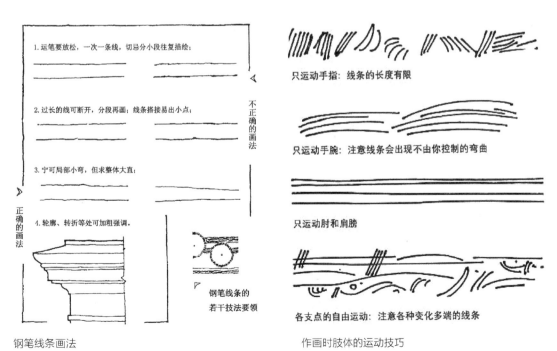

钢笔线条画法

作画时肢体的运动技巧

资料来源：田学哲主编.建筑初步（第二版）

177

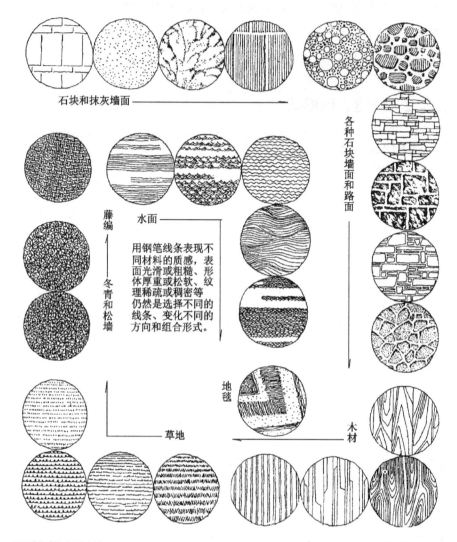

石块和抹灰墙面

各种石块墙面和路面

藤编

冬青和松墙

水面

用钢笔线条表现不同材料的质感，表面光滑或粗糙、形体厚重或松软、纹理稀疏或稠密等仍然是选择不同的线条、变化不同的方向和组合形式。

地毯

草地

木材

不同材质的表现方法

资料来源：田学哲主编.建筑初步（第二版）.

现图；宽笔、彩色铅笔等快速表现的钢笔线稿。主要使用的工具包括各种型号的钢笔或绘图笔、绘图纸、拷贝纸、硫酸纸、复印纸等。

徒手钢笔图线条的组织和排列一般有两个目的：一为表现色调，一为表现质感。色调和明暗的变化是表现体面、光影、质感、空间的有效手段。线条的长短、曲直、方圆、粗细、疏密具有很强的形式感，不同表情的线条组成的画面或动或静、或写实或写意，或严谨，或充满趣味，画面特征具有显著的不同。钢笔线条的技法要领包括：

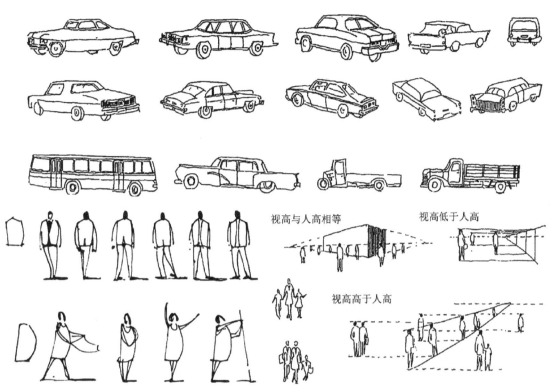

视高与人高相等　视高低于人高

视高高于人高

以上的人物是一个基本躯干的基础上变化而成的。躯干或斜或弯曲，头、胳臂、腿的姿态表现了人物的动态和趋向

人物

人物可以从呈长方形的躯干画起

把姿态不同的胳臂、腿、头放到躯干形体上，人物就形成了

加上些衣物样式和附属物后，人物的特征就出来了

人物尽量简单

人物的表现方法

资料来源：(美)史蒂芬·克里蒙特.建筑速写与表现图.刘念雄，刘念伟译.

（1）线条要求：线条要美观，流畅；用笔简练肯定；组合要巧妙，要善于对景物、深浅作取舍、概括。学习钢笔画的第一步，是要善于利用一些零碎时间来作大量各种线条的徒手练习，做到熟能生巧，这就是所谓的练手。

（2）钢笔线条的排列组合的表现方法：各种线条的组合和排列产生不同的效果，原因是线条造成的方向感和线条组合后残留的小块白色底面给人以丰富的视觉印象；笔触的合理组织，能够充分表现物体的光影、色调、肌理、质感、空间层次和体面关系，具有很强的表现力。

线条的长短是受手指、手腕、肘和肩膀的运动所控制的。大多数的线条，哪怕是短条，可以用臂力来画，也应该用臂力来画——以肩膀作为支点，这样画出来的线条利落而真实。也可以用小指的一侧作为稳定点，手在这个稳定点上滑动。[1]

钢笔画画法很多，应根据一定的用途和描绘对象加以选择。主要画法分为：（1）单线白描：以线为主的绘图方法，常用于记录和搜集资料；要求轮廓清楚，线条准确，形体交代明确；注重线的神韵，或凝重质朴，或空灵秀丽。（2）单线勾形再加上简单的明暗色调的表现：具有素描效果的一种表现方式，手法比较细腻、写实。（3）单线勾形再加上物体质感、色感的表现。（4）比较程式化的表现。无论哪种画法都应注意概括光影变化，减少明暗层次，特别是各种灰色调要善于取舍；选择恰当的线条组合来表现黑、白、灰的层次。

人物、车辆、树木，以及天空、地面、小品、山石等都是徒手钢笔图表现中常见的元素。

树木在画面中的景深感表现为近景树、中景树和远景树，表现形式包括枝干树、枝叶树、体形树和图案树等。树木的表现首先必须掌握正确的树木造型特征；其次要使线条与树木的特征相协调：如针叶树可用线段排线表示叶子，阔叶树可用成片成块的面来表示叶子；另外，不论是哪种树木，其画法应该和画面主体的风格相统一。树干多呈圆柱形，立体感强，上半部受树叶遮映形成阴影，暗部颜色较深，下部受光多，颜色较浅，稍小的树枝不必区分明暗。树叶密集时树形分别形成球状、伞状和锤状，刻画时应在此基础上作细节调整。树形的光影变化多体现在边缘的用笔上，受光的树冠笔触稀少而纤细，背光部分笔触粗犷而宽阔。

1　（美）R.S. 奥列弗著 . 奥列弗风景建筑速写 . 杨径青，杨志达译 . 广西美术出版社，2003.

使用不同的技法，钢笔画所表现出来的效果也不同，图为装饰性手法表现出的素描效果

物体的光影，色调、肌理、质感、空间层次和体面关系的表现

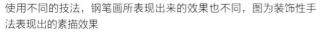

资料来源：（美）史蒂芬·克里蒙特.建筑速写与表现图.刘念雄，刘念伟译.

　　人物在画面中的表现也很重要，因为形体较小，可以大胆使用鲜亮的颜色起到点缀和提亮画面的作用，可以通过人物特定的动态特征辅助表现环境的气氛，还可以作为人们熟知的参照物，起到确定景观场所比例尺度等的作用

3）钢笔淡彩

　　钢笔淡彩以钢笔水彩的表现方法为主，水彩清新淡雅，水气十足，别有一

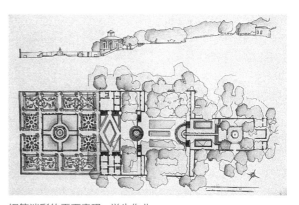

钢笔淡彩表现的街景　学生作业

钢笔淡彩的平面表现　学生作业

番风味。画面通常柔和美观，是快速表现的有效方式之一。另外，还可用彩色铅笔代替水彩颜料进行作画，也可以以铅笔和炭笔为稿制作铅笔淡彩和炭笔淡彩图。

钢笔淡彩技法是一种用线条和色彩共同塑造形体的快速表现技法。钢笔线条是淡彩表现的主体，与水彩渲染中线条只作为底稿或部分轮廓线不同，钢笔线条可以表现明暗关系。着色也与渲染技法的严谨琐碎不同，比较放松随意，可大面积铺着，因为可以借助钢笔线条的表现力度，可以不完全依靠色彩的明、暗变化刻画细部。表现技法甚至可以参考水彩画的某些画法，应注意画面整体上色、局部调整。

用铅笔尖宽阔的边缘画天空

货物提供了丰富的色彩

大片的窗白用以表现寒冷的大雪覆盖的冬天。

阿富汗.1978年

这个人物用来平衡构图，并把视线引回画面

使用铅尖的侧面上色可以使着色更为均匀，涂抹则可形成更为均匀的退晕效果

资料来源：（美）R S 奥列弗著.奥列弗风景建筑速写.杨径青，杨志达译.广西美术出版社，2003.

钢笔铅笔淡彩表现的清华大学礼堂
资料来源：高冀生.快速建筑画技法.

留白的处理手法使画面和钢笔线条更加生动，
效果奔放有力
资料来源：（美）R S 奥列弗著.奥列弗风景建
筑速写.杨径青，杨志达译.广西美术出版社，
2003.

4）彩色铅笔表现

彩色铅笔表现方法简洁，易于掌握，画面比较容易统一，表现效果较好。主要是在铅笔、钢笔或炭笔线条图的基础上进行着色表现。彩色铅笔也具有普通绘图铅笔一样的描绘、刻画、平抹、涂擦等运笔手法，色泽的浓淡、饱和也与用笔的力度相关，所不同的是彩色铅笔具备了色彩的属性。彩色铅笔的笔芯含有石蜡成分，着纸后不易被擦掉，因而须注意保持由浅渐深的画法步骤。着色应注意分出明暗面，并画出阴影。车体、人物宜用彩度高的颜色；用较粗的笔触表现道路，并稍加场景中建筑、树木的颜色。整体调整画面关系，包括明暗、色彩关系，以使画面更加整体、生动、统一。

彩色铅笔线可分为纯粹的徒手线和借助工具的手绘线。前者能随心所欲地表达设计师充满个性的创意，适合表现轻柔松软的物体；后者冷峻而富于理性，能够严谨准确地表达设计的造型，更适合表现坚硬稳重的物体。

另外油画棒、彩粉笔等也可形成类似的表现效果，画法也比较简单而易于掌握，但画面易脏易花，难以保存。

5）马克笔表现

近些年来随着设计市场的快速发展，马克笔画以其色彩清新、色泽剔透、着色简便、成图迅速、笔触清晰、风格豪放、表现力强等优点，越来越受到设计师们的重视，成为方案草图和快速表现设计效果的主要手段。马克笔有很强的表现力,其上色步骤与水彩颜料作画相似:由浅入深、由远及近,颜色不宜反复叠加和过多涂改,否则会导致色彩浑浊、肮脏,甚至还会蹭破画纸。与水彩画作画不同的是马克笔受笔触限制较大,一般均是从局部画起,逐渐扩大到整幅画面。这就要预先设想判断画面的色彩基调和明暗关系,以避免出现不协

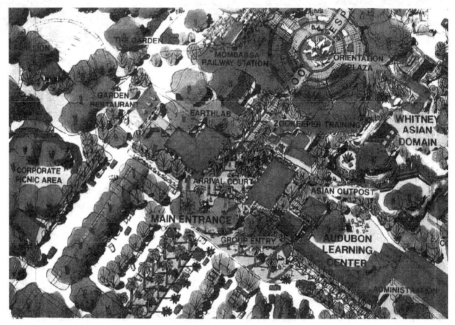

平面的马克笔表现
资料来源:R 麦加里著.美国建筑画选——马克笔的魅力.白晨曦译.中国建筑工业出版社,1996.

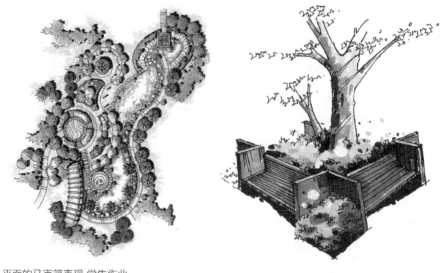

平面的马克笔表现 学生作业   用白色颜料进行高光和留白处理 学生作业

调的笔触或色彩而使画面留有遗憾。

马克笔颜色种类目前可多达上百种，但一些理想中的色彩仍不易或很难找到。为了弥补这方面的不足，可以根据色彩知识使用马克笔进行配色，也可以结合彩铅、透明水色或水彩颜料共同作画，从而获得需要的色彩效果。马克笔除了笔上固有的一次色之外，可以通过叠加的方式获得二次、三次或多次色，起到混合色的作用。本色叠加，可加深色彩的明度和纯度；类似色叠加，既可获得明度、纯度的明显变化，也能增加色相的过渡与渐变；对比色叠加色相变化十分明显，运用时需谨慎，特别是补色叠加，容易变黑变脏。

马克笔笔触的排列与组合是构成表现图绘画要素的根本。初学者往往因其线条扭曲生硬，笔触排列混乱导致画面形体结构松散，色彩脏腻。对此，须在笔法练习中摸索、体验各种马克笔笔头形状的笔触纸面效果，运笔的速度和力度变化以及不同方向笔触的排列与组合。对笔法的熟练掌握、灵活应用，将对初学者的马克笔表现能力的提高起到事半功倍的效果。

马克笔中间色丰富，总数达百余种，但每只笔色彩固定，笔触的处理不易掌握，因此，要注意笔触的运用和色彩的选择。可先选用灰色系，作为素描练习，再进行复色练习，注意用笔的准确性和力度。用色叠加，最多不能超过三种（尤指水性），否则容易画脏；初学一般要注意排线规整，但也不能排得过密、过死，要留"透气"的地方，也就是"留白"，使画面生动、有活气；注意模仿"笔触、技法、用色、配色"的技能和肌理、材质、形体的表现等；善于用灰色、亮色进行点缀、点睛，画面要有主基调，丰富而统一，避免杂乱。

在红色的背景上使用灰色马克笔获得了阴影的效果，不同的留白处理表现出了强烈的质感差异　学生临摹

构图借助植物、人、飞鸟、气球，以及旋转的笔触画出的天空，来点缀和丰富画面
资料来源：赵国斌 . 景观设计 . 福建美术出版社，2006.

马克笔表现的环境景观剖面图效果 学生作业

马克笔的属性及品牌

马克笔可分为水性、油性和酒精性马克笔。水性马克笔颜色透明度较高，但运笔时色彩已干，笔触的衔接过渡处理难度较大，叠加易脏。油性马克笔一般笔头宽大粗硬，色彩沉稳，微毒，运笔之后，颜色会保持片刻的湿润，较容易进行颜色减淡、退晕和衔接过渡的处理，如美国霹雳马（PRISMACOLER）。酒精性马克笔兼具水性和油性的优点，目前品牌较多，价格便宜，较适宜学生练习使用，如韩国 TOUCH，德国斯塔（STA）、iMark、威迪，美国三幅、犀牛 Rhino、中国尊爵、凡迪、法卡勒等。其中 iMark 和犀牛 Rhino 是针对建筑设计的马克笔品牌，色差小，颜色准，价格适中。

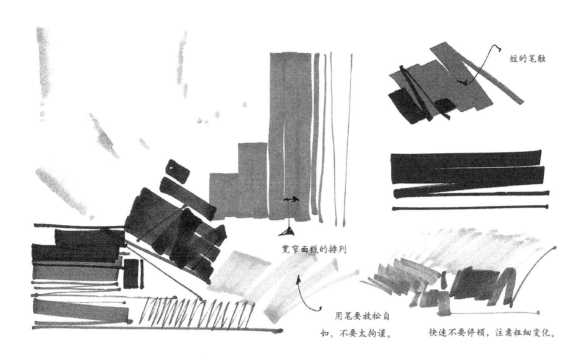

短的笔触

宽窄面线的排列

用笔要放松自
如，不要太拘谨。

快速不要停顿，注意粗细变化。

▼马克笔的笔触排列

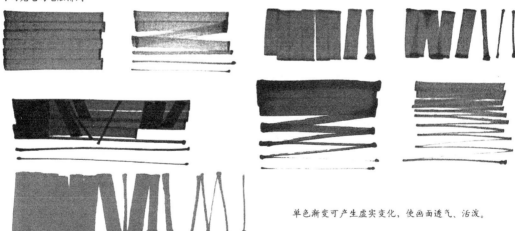

单色渐变可产生虚实变化，使画面透气、活泼。

▼转动笔杆画的粗细变化

▼排笔

马克笔的笔触练习

资料来源：赵国斌．景观设计．福建美术出版社，2006.

线条的简单技法

在线条两端赋予明确的头、尾，有助于使画面产生深度感和吸引力；物体的线条在拐角处相交，能够使物体的轮廓显得更加方正、完整、鲜明。画交叉角显然比通过两条完美邻接的线条来画角更快，并且使画面显得更加随意和专业；使用粗细、颜色、深浅都发生变化的模糊线，增强画面的立体感和真实感，常用于画人物、树木和其他有生命的东西；线段之后自然而然的留下"顿点"作为收束，它在快速绘图过程中形成，并且赋予线条动感和生机，就像句末的句号，是线条最后的修整。

排线练习

排线练习可分为平涂排线和渐变排线，排线应注意避免扭曲不正、长短不齐、N形重复以及排线过于均匀等错误的方法。

在使用马克笔进行平涂排线时，首先应该勾画出需要进行颜色填充的区域的边界，然后再进行上色，这样就降低了将颜色涂到区域之外的概率。如果希望用马克笔对一个区域均匀上色，可以在初次上色之后，按照和第一次运笔方向垂直的方向，再上一次色。为了得到其他颜色的表现效果，还可以在第一次上色的背景上，选用其他颜色的马克笔调配出新的颜色。

渐变排线可以产生退晕的效果，应注意宽窄线条有序排列。

马克笔排线的"顿–走–顿"技巧

专业点

产生明暗渐变的排线

先选择同一颜色不同明暗值的3～5种马克笔。在整个区域用最浅的颜色平行走线。

在最浅的颜色干之前，用下一个深一点的颜色渲染2/3的面积。趁未干时，在两种颜色交叠的区域迅速用第一种颜色渲染几次，直到交叠线条变得不明显。

在第二种颜色干之前，用下一种深色覆盖剩下部分的2/3面积，同样用第二种颜色清除交叠线条。

平涂排线

运笔及画面配色

由于环境景观设计的表现并不是真正的画家绘画，并不过分强调完全的自我感受及表达，而是有一定客观规律可以遵循的。马克笔由于品牌、产地和纸张的不同会产生不同的表现效果。马克笔上色是为了衬托平立剖面、透视图的主体，使其从图纸画面中凸显出来，因此，对于马克笔表现来说，最重要的不是颜色，而是笔触。马克笔是靠线条来表现物体形象的。马克笔用笔要放松自如，不能太拘谨。笔触排列要均匀、快速，一笔接一笔不要重叠，用力一致。马克笔的线条粗与细可以在一定程度上显示物体的主与次、前与后。"把马克笔当钢笔用"

马克笔渐变平涂示意
资料来源：（美）R S 奥列弗著 . 奥列弗风景建筑速写 . 杨径青，杨志达译 . 广西美术出版社，2003.

是学好马克笔的最佳心态，其运笔、排线可参考钢笔徒手图的技法。

马克笔的配色练习可以从抓住画面的主色调、把握物体的固有色、学会用冷暖明暗对比等手法丰富和协调画面开始。不同色彩的明度和纯度都不要对比过大，在固有色的基础上使用过渡色和渐变色，以使画面上色彩更加丰富自然。马克笔可按色系分类，再按颜色深浅有序排列摆放，以便于作画时正确方便地选用颜色。

扭曲不正排线　　　　线条弯曲排线　　　　平行倾斜排线　　　　中心放射排线

长短不齐排线　　　　N形重复排线　　　　均匀水平排线　　　　均匀节奏排线

错误的排线方法

本章扩展阅读：

1.（美）奥列佛著.奥列佛风景建筑速写 [M].杨径青，杨志达译.广西美术出版社，2003.

2.（美）R 麦加里，G 马德森著.美国建筑画选——马克笔的魅力 [M].白晨曦译.中国建筑工业出版社，1996.

3.（美）沃特森（Wason,E.W.）著.铅笔风景画技法 [M].曹丹丹译.中国青年出版社，2000.

4.（美）麦克·W·林著.建筑绘图与设计进阶教程 [M].魏新译.

5.赵国斌著.景观设计（手绘效果图表现技法）[M].福建美术出版社，2006.

6.陈红卫著.陈红卫手绘 [M].福建科技出版社，2007.

6 场地认知与设计表达

第六章 场地认知与设计表达

6.1 影响景观品质的因素

要点：

认识影响景观品质的因素

结合景园的发展历史，理解自然因素和人文因素对景观设计的影响，及其在景观设计中的作用。

景观设计是一种科学与艺术相结合的创造性活动，景观设计中诸多有形的和无形的因素，共同决定和影响着景观特征和景观设计的品质，笼统地可以概括为自然因素和人文因素两个方面。通过这些因素我们可以了解某一区域景观的自身特色，就像我们可以通过外表、性格和行为举止来了解一个人一样。

6.1.1 自然因素

自然因素主要包括受地理位置、太阳辐射和季风影响的气候条件，与地质状况相关的地形地貌条件，以及与之相对应的植被情况和水文条件等。

气候条件可以影响人们的行为习惯，例如严寒地区的阴影区并不会很受欢迎，而炎热气候条件下的阴影区则刚好相反，人们在不同的气候环境中都具有很自然的趋利避害的本能，其他动植物的习性和分布情况也同样受到气候条件的影响，甚至是同一气候条件下的局部微气候差异也同样会对动植物的生长产生巨大影响，这些都是在景观设计中需要重点分析的影响因素，一定程度上影响着空间及功能的布局。地形、地质、土壤、植被和河流、湖泊等水体也都是景观环境中的重要自然因素，是表现景观特征的重要因素。我们可以通过强调因素从而提高环境质量、改善微气候，例如，改造地形面貌、

树荫下的空间场所感

现代城市景观

上海辰山植物园

日本 Makuhari 的 IBM 现代景观反映出了清晰的日本传统景观精神

资料来源：王向荣，林菁著.西方现代景观设计的理论与实践.

增加植物的数量等。然而，我们很难说什么是景观特征中最为重要的元素，对特定场所的感受是我们理解和认知景观特征的基础。例如，它是亲切的还是宏大的？是优美的，还是宁静的？或者是奇异的，还是令人压抑的？

6.1.2 人文因素

人文因素主要包括历史方面的时代因素、民族因素、地域因素等比较稳定的因素，同时也包括了风土人情、宗教信仰、文化素养、审美观念等非常活跃的因素。

任何优秀作品都不是孤立的，不可能脱开存在于它周围的人文因素而存在。某一区域的人们在一定历史条件下形成的共同性格特征和共同文化特征，会影响或表现在本地区的建筑风格和景观创造中。非常鲜明的案例如印度莫卧儿王朝时期政教合一背景下诞生的伊斯兰风格建筑景观；中国南北方虽然自然因素差异很大，但建筑和园林仍然具有明显的共同特征。

景观设计在于营造人类生存的外部环境，景观的外在空间秩序源于内在的社会生活秩序。设计中对于使用人群的关怀，对于使用者生理和精神需求的满足，是影响景观品质的重要方面。

人类活动对景观的影响程度是最为深远的。现代大量出现的"国际式"建筑和景观、"千城一面"的城市规划手法，密集的土地使用方式，采矿和林业开发活动，可以彻底破坏或从本质上改变景观的特征。

人类通过与自然的各种密切接触掌握了相关的自然知识，在这个过程中，人类受益匪浅。每一处自然景观都具有独一无二的特性，我们从它们的这些特性中理解了不同场所的文脉复杂性。

"建成环境"一词常用来区分人工景观和未受干扰的原始自然风景，它的形成是多种因素相互影响的结果。地方性的地形、植物、作物和气候特点，在社会、文化、经济和历史因素的共同作用下，通过空间语言的形式得以表达。对于景观特征的认知是场地设计的核心内容，并且也是景观设计专业的核心内容。

6.2　景观设计的场地认知

要点：

了解场地设计的基本知识

本节主要介绍了气候、土地、水体、植物、地域文化及特色等决定场地特色的基础特征，以及进行场地分析的基本方法。

一个词汇的表达意义是有限的和不明确的，我们需要根据其所在的整个段落或者整篇文章的意义来确定。当它独立存在时，可能变得没有任何意义，更糟糕的是，它的原意还可能被扭曲，甚至与原文相悖。因此，人们经常这样说："文脉就是一切。"

文脉在景观学中至关重要。景观在为我们的日常生活提供活动场所的同时，也形成了一种景观文化传承的脉络关系。在进行景观设计时，要充分考虑其周边的自然环境和地理位置，以及方案的可持续性。这也是景观规划设计实践中最重要的内容。

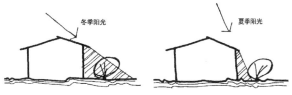

季节性光照将会影响户外活动空间的安排、景观塑造和植物栽植
资料来源：（美）T 贝尔托斯基著.园林设计初步.陶琳,闫红伟译.

6.2.1　场地基础特征

1）气候

天气指的是在一天或几天内大气中的气象状况，或是一周内未来几天的大气气象预报。气候指的是在某一区域较长一段时间内的天气趋向，是概括性的、总的气象情况，例如某个区域是炎热、干燥，还是温度适宜、气候潮湿。

从广义的角度来说，地球可以划分为四个气候带，分别是寒带、寒温带、暖湿带和干热带。每一种气候都形成了自己特有的植物和地貌特点。因此，

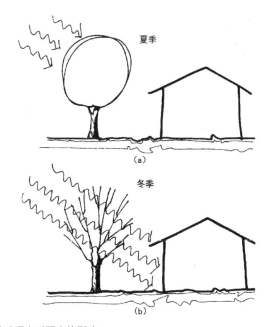

落叶乔木对阳光的影响
资料来源：（美）T 贝尔托斯基著.园林设计初步.陶琳,闫红伟译.

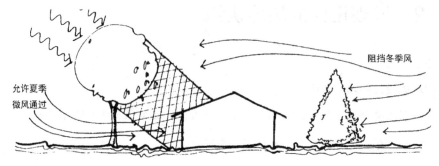

引导季风

资料来源：《园林设计初步》(美)T 贝尔托斯基著.陶琳，闫红伟译.

不同气候带的人们的行为活动也各不相同。

阳光

太阳是相对恒定的气候元素，它的影响及四季变化都是可预测的。随着纬度和季节的不同，太阳所带来的影响也不同，这一点也导致了太阳光的强度和光线照射地球角度的变化。陆地地表或者植被以及影子形状也会影响地表温度。

例如，来自美国亚利桑那州的数据反映了可能发生的气温变化。当空气温度为42℃时（屋顶温度为71℃），地表温度随着表面不同以及是否有树荫覆盖而变化。混凝土路在全日照时的温度是43℃，柏油路是51℃，草地是35℃。在阴影里的混凝土的表面温度是38℃，草地是32℃。人在户外环境中的舒适温度范围宜在25～30℃，适宜的相对湿度在45%～55%，略高于室内环境的舒适温度范围（23～24℃）。澳大利亚东南部的阿德莱德夏季气温经常能够达到43℃，相对湿度却往往只有4%，人在这样的环境中将感到非常不适[1]。在这样的气候条件下，综合考虑各种因素，进行合理的环境设计会对环境舒适度的改善有所帮助。

季节

季节的终年交替赐予人们别样的自然景观。人们日常生活的节奏和方式也随

---

1 （澳大利亚）格拉姆·霍普金斯.风景园林让生活更美好——生态建筑战略：创造宜人的小气候.赵梦译.中国园林[J].2012.10：9～16.

之发生了微妙的变化，生活也因此而变得丰富多彩。不同的活动对于日照和温度的要求也不尽相同，一些全天阴影区和全天日照区的设计需要特别加以注意。

一些植物一年四季的变化明显，是景观中较好的造景元素。例如开花的山茱萸，早春抽枝发芽、花朵繁茂、夏季枝叶茂密、果实缤纷，秋季叶色金黄，到了冬季，枝干遒劲、姿态如画，树皮的纹理也煞是惹人喜爱。植物的种植同样需要仔细观察和考量场地的日照情况，注意一年四季的阴影区范围变化。如果冬季打算在场地中的某个背

巨大尺度和空旷空间感造成的单调景观，参与性更易受季节和气候影响

阴地区种植耐阴植物，在夏季则有可能受到阳光直接照射而导致植物被灼伤。

微气候

我们在平日里使用空间的方式，如城市广场和公园等城市空间，在很大程度上是受天气情况支配的，通常指的是一定区域内一般的气象条件。但这里提到的微气候则指在有限区域内的气候状况。例如，在北半球的一面沿东西走向的墙体，它的北面寒冷阴暗，南面却阳光充足、温暖宜人。这种微气候和植物的选择密切相关，并影响着人们对空间的使用。在冬季，阳光充沛的广场会聚集大量的人。而到了夏天，这样的广场会变得酷热难耐，也就不会像冬天那么受欢迎了。

有限区域内的景观设计不能从根本上改变气候，但是微气候能使该区域内的气候状况得到较大改善。极端的气候条件可以通过防护林、管道制冷等方式得以缓解，还可以采用各种形式的水体为城市空间降温。植物也会对微气候起到重要作用，它们可以遮蔽地表、避风，还可以通过蒸腾作用清新空气。设计师可以根据特定的气候条件来改善微气候，从而进行最佳的场地设计。

气候变化

气候变化的现象在最近几年的新闻报道中比较常见，它对天气、农田、室外空间的舒适性等产生了恶劣影响，并逐渐受到人们更多的关注。全球变暖已

经成为当前变化的主要趋势，南极、北极的冰川开始融化，暴风天气的出现也呈上升趋势。气候变化还对水资源系统、天气状况、温度和动植物的物种数量产生地域性的影响。我们可以对气候变化的长远影响作出理论上的推测，并能预测出其结果是更糟糕的极端灾难性气候。

上述所有问题需要依靠全面的专业知识予以解决，而景观设计师将在如何应对气候变化方面扮演重要的角色。例如景观设计师对于城市雨水景观的设计思考，将有助于城市水资源的生态修复，而从这样的角度来看景观设计专业承担了重要的社会责任。

2）土地

土地利用

土地利用是发生在限定区域内的一种人类活动。它通常以土地开发的形式出现，人们通过森林开发、采矿、农耕等形式获取土地资源。人们还可以利用土地发展工业、商业、交通运输业，或是用作居住等其他用途。有些土地利用方式对环境的破坏程度较小，例如开发鸟类保护区供人们观赏。有些则对环境的破坏程度较大，例如巴西的牧牛业和大豆种植业，导致了亚马逊热带雨林遭到严重破坏。

土地利用规划试图在人们的利益和环境的利益之间寻求平衡，维持土壤的肥力和植物物种的多样性，为野生动物的生存和繁衍提供保障。地球上的每一寸土地都不同程度地对环境起着影响作用，所有的土地都是有价值的。我们通过开发土地资源，从中获取经济价值，但是当土地资源耗尽，当油田被抽干、森林变成沙漠，我们就没法再获得经济价值，土地也就再没有价值可言了。欣慰的是众多景观设计师已经开始投身到土地资源保护事业中，避免人们再犯这种错误。

岩石和土壤

岩石组成了地球的坚硬外壳，即岩石圈，侵蚀、破坏、受热、挤压、搬运、堆积等地质作用使地表形

侵蚀作用形成的阿斯哈图石林自然景观

旧金山九曲花街的坡地景观　　　　　　　　　市内多山的雅典城市景观

态不断变化，从未停歇。在风化作用的基础上，风、水、冰川和植物等外力对地表产生侵蚀破坏作用，地表岩石被侵蚀成大大小小的碎石，这些在地表沉积的碎石经过长期的演变过程逐渐形成浅薄而珍贵的土壤层。

土壤中的有机质含量是土壤肥力高低的标志，植物的腐败与矿物质的风化分解使土壤肥力不断提升，草原土壤是最肥沃的土壤之一，长期的成土过程积累了大量腐殖质，再加上草本植物的生长，牧场牲畜的粪便，使土壤发育不断深化。然而这种高肥力的土壤形成过程比较缓慢，却极易被破坏。20 世纪 30 年代，由于缺乏合理的开发和严重干旱，北美大草原遭遇了沙暴的侵袭，大平原南部 2000 多万英亩的良田变得沟壑纵横，仅 1935 年流失的土壤就达到 8.5 亿吨，这个例子说明了土壤系统是多么脆弱，它们可以在转眼间便消失殆尽[1]。

理想的土壤是指壤土，它是沙土、黏土和粉沙土的中间混合物。景观设计中需要进行一定的土壤组成分析，如果场地存在土壤组成方面的问题则需要考虑土壤改良，需要根据场地土壤类型考虑植物的选择和种植。

土壤的成分也可以小幅影响气温，干燥的土壤（沙土、砂砾等）温度较高，湿度较低；湿润的土壤如排水性差的沼泽地黏土，往往温度低、湿度高。

3）地形

地形（topography）这个词源于古希腊语中的"writing of place"。它指地表的跌宕起伏，以及由土地形成的具有自然和艺术景观特征的地形。从更传统的角度来看，地形还指由地表各种类型的植物塑造的地表形态。例如，草

1　高国荣，周钢.20 世纪 30 年代美国对荒漠化与沙尘暴的治理 . 求是，2008（10）.

美国波特兰唐纳德溪水公园的雨水景观：设计充分利用基地地形变化，收集来自周边街道和铺地的雨水，雨水经过植物过滤带的层层吸收、过滤和净化，最终汇集到场地下方的水池中

美国波特兰唐纳德溪水公园的雨水景观：公园通过曲桥和旧铁轨所组成的艺术墙等元素，将场地与当地的文化历史紧密联系起来，增强了景观的认同感

地同森林相比，它们的地貌特征相差甚远。

从相对狭义的范围来讲，地形可以简单地被解释为土地的形状，地表的形状或地势的升降起伏可以用地形图和平面图上的等高线加以精确描述。这个词的这两种解释都是正确的，并且均可为景观设计专业所用。

地形地貌往往是城市景观设计的重要基础。例如旧金山的坡地地貌，巴黎的蒙马特高地，香港高耸的天际线，或者东京的富士山，变化丰富的地形特征造就了独特的城市景观。同时，原有地形也是可以改变的，通过地形设计可以塑造丰富的景观环境，达到分隔空间、遮蔽或引导景观视线的目的；可以为人们的活动提供适宜的场地，引导人流，控制场地中交通方式的选择以及行进方向、速度和节奏；另外，地形还是创造有利的场地排水条件、植物种植条件和改善小气候的重要因素。

地形地貌是影响景观品质的重要自然因素之一。在历史上，由于对自然环境认识的不同，形成了东西方环境景观美学认识和审美的巨大差别，同时，场地内的地形地貌对景观空间营造也具有较大的影响。很多时候，地形的起伏情况决定了功能的构成和布置情况。例如地形的起伏会影响建筑的朝向和采光；为减少工程量，建筑平面通常沿等高线布置；道路的布置和走向同样受地形约束，设计中宜尽量顺应地形等高线，这样有利于降低工程量和工程费用，也比较符合人体工程学原理，使人们在室外环境空间中的活动更容易获得最佳心理感受。另外，地形对于地面排水、防洪和环境微气候等都会产生一定的影响。

调查显示，夜间峡谷中的气温会比山坡低大约 5.6℃左右，相对湿度则高出
20%；此外，清晨山谷会形成雾，不是修建主干道的理想地点。当冷空气的自
由流通被树木或建筑物阻挡，在高处可能形成霜穴，或称霜袋地。谷底和霜袋
地相对不适合居住，住宅选址最好是在南向坡地的半山腰，对北半球来讲这个
位置在很多地区都是最好的居住环境[1]。

场地测量

建设工程的开展首先需要进行场地规划，而完成场地规划需要首先对场
地表面和其周边的地形进行精确的测量。

测量的手段和技术有很多种，常见的测量仪器如架在三角架上的经纬仪，
计算机、激光测距仪，机器人的应用使现代测量变得更快、精确度更高。全球
定位系统（GPS）技术依靠卫星在地球表面捕捉定位，也是新技术在场地测量
方面获得应用的一个实例。

场地测量需要对特定地段的地面高程和坡度进行测量，并在更大范围内
的场地中定位该地段。在收集了充足的地面高程测量数据之后，设计师便可
以继续进行这片区域的场地规划了。

测量方法

步测与直接测量：大多数野外测量无须十分精确，传统的步测、卷尺测量

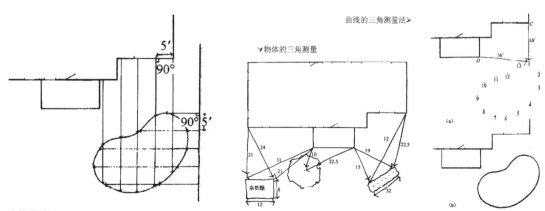

方格网法
资料来源：（美）T　贝尔托斯基著 . 园林
设计初步 . 陶琳，闫红伟译 .

曲线的三角测量法▷
▽物体的三角测量
资料来源：（美）T　贝尔托斯基著 . 园林设计初步 . 陶琳，闫红伟译 .

1　（美）米歇尔·劳瑞著 . 景观设计学概论 . 张丹译 . 天津大学出版社，2012.195.

仍然在场地调查的过程中占据很大的优势。

步测是设计师身体上的一把尺子，这样的测量有助于设计师加深对场地的理解。

直接测量是测量两点间距离的简便方法。使用卷尺进行测量时要把尺子拉紧，因为卷尺上任何部分稍有松弛就会导致测量数据的失真。

三角测量：多用于在场地中确定物体的位置，根据已知的两点的位置来确定未知的第三点。在大多数情况下，场地上的房屋会有两个已知点可供使用。其他的永久性建筑，如栅栏、路缘或车库等，也可以作为一个已知点来使用。

三角测量也可以用于绘制路缘等曲线轮廓，测量方法与确定树的位置相同，选取的点越多，所绘曲线就越准确。

方格网法可以用来确定物体的位置或准确绘制地平面上的某个区域。

场地中需要进行定位的物体大致包括现有乔木、灌木、道路以及其他需要保留的景物，都可以利用三角测量法或网格法进行确定。

4）水体

水通过侵蚀作用塑造了地球的表面形态，塑造了不同特色的自然景观视觉效果和环境特色。水是地球上生命的起源，目前面临的水资源缺乏和污染问题，需要景观设计师和所有人一起来解决和面对。

水系统

水系统周而复始、循环往复的运动过程，形成了不同的天气和气候特征，并塑造了自然景观。空气中的水蒸气凝结形成降水，以雨、雪等形式降落到地面，被植物和土壤吸收，或渗入地下形成径流，汇流成河之后流向大海；水也可以从植物、土壤、水体表面蒸腾，最终形成降雨。

水景景观与空间组织
资料来源：王向荣等.西方现代景观设计的理论与实践

水景观设计

水在景观设计中是一种极富表现力的元

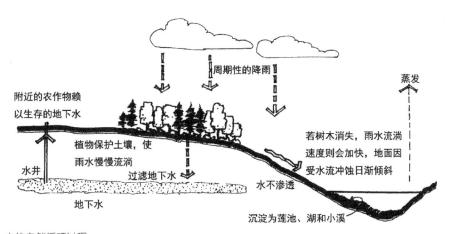

水的自然循环过程

附近的农作物赖以生存的地下水

周期性的降雨

蒸发

植物保护土壤，使雨水慢慢流淌

若树木消失，雨水流淌速度则会加快，地面因受水流冲蚀日渐倾斜

水井

过滤地下水

水不渗透

地下水

沉淀为莲池、湖和小溪

水的自然循环过程

资料来源：（韩）张泰贤著．景观设计制图与表现．王丽芳译．

素。水同植物一样，在不同强度的光照和气候条件影响下，能展现出不同的形态。水体设计可营造出各种各样的景观效果，从静谧的、令人安静的池塘到壮观的、给人强烈美感的大瀑布。景观设计师的工作领域可以包括灌溉和排水系统，也可以包括公园中的喷泉、水池；可以通过水上娱乐和水上运动为人们的生活增添乐趣，也可以为城市广场或炎炎夏日里的花园送来一丝清凉。水带给人们一切感官上的愉悦享受，为人们送来欢乐，起到舒缓压力、美化生活的作用，对所有人都具有不可抗拒的吸引力。对可涉入的水景设计，应主要考虑安全因素，一般设计水深应在 30cm 以下，以防儿童溺水。

水景设计的种类主要包括瀑布、跌水、溪流、水池和喷泉等。

同一条瀑布由于水量不同，就会演绎出从宁静到宏伟的不同气势。

溪流的形式多种多样，其形态可根据水量、流速、水深、材料等进行不同的设计创作。如自然式溪流，为尽量展示其自然风格，常设置各种主景石，包括隔水石（铺设在水下，以提高水位）、切水石或破浪石（设置在水中使水分流的石头）、河床石（设在水下的观赏石）、横卧石（压缩溪流宽度、形成隘口的石头）等。在天然形成的溪流中设置主景石，可更加突出其自然魅力。为使空间更显开阔，可适当加大溪流的宽度，增加岸线的曲折。

水池包括规则式的观赏性静水池、儿童戏水池、中国园林中富有代表性的自然式池塘等。设计水景时，为加强人与水的联系即亲水性和安全性，美化景观，水滨、水岸（护岸、洲岛）的设计与水景设计同样重要。

水体治理

景观设计师需要进行各种尺度和规模的水体治理，从大规模的流域（如巴西的亚马逊河流域），到水运设施，再到具体的地方治理和雨水治理。

水体治理的目标包括：保障水质安全，免受污染；保护人们的生命财产安全，免受洪灾侵袭；保护景区和人们的居住地，免受破坏。

近年来，一些大型项目已经开始研究湿地的保护问题。湿地是野生动物、昆虫和植物栖息地，可以有效减少洪灾发生。

5）植物

自然界中的植物是食物链的关键环节，植物构成了地球上生命的基本单位。在生长、成熟、繁殖、死去、腐烂的过程中，它们维系着地球的生命系统，这是一个无限的生产循环过程。植物对人类来说至关重要，它们不仅可以给人们带来视觉上的享受，而且还具有其他的作用和益处，例如，控制污染、保持地表水分和改善微循环等。植物还是水循环的一部分，具有调节气候的作用。

环境景观设计中常使用植物学的命名方法，把植物基本划分为乔木、灌木、草本植物、一年生植物以及地表藤蔓植物。

地被植物

地被植物的定义是低矮的、匍匐性的、覆盖地表的植物，可以用于控制坡地的水土流失，或者用作能从高处观看的花坛造型。作为地表材料，这些植物的维护需求很低，甚至低于混凝土路面或硬质铺面。这些植物能够吸收热量、水分、尘土，并且能够控制地表侵蚀。地被植物在形式、叶片大小、颜色以及质地纹理方面各不相同。低矮的藤蔓植物，如草莓属或筋骨草属植物紧贴地表延展开来。匍匐植物，如杜松长得高些，并且蔓延覆盖更广，茂密枝叶形成的树冠遮盖了地面。

灌木

灌木的高度从 1m 到 3m 不等，属于木本植物，多茎，枝干低矮。可以用来分隔空间，它属于一种实体隔离，而不单单是视觉上的分隔。生长高度超过

干旱气候植物景观　　　　西安城市道路植物景观

视平线的较大灌木可以更鲜明地分隔空间。另一方面，这些灌木往往被修剪成篱笆，以便从高度和质地纹理方面获得更理想的效果。篱笆的潜在形象取决于选种的植物，柏树、女贞、海桐等作为篱笆，在形体特征、高度、质地纹理等方面都会表现出各自不同的效果。

乔木

乔木定义为具有单一树干，生长高度超过 3m 的树木，分为落叶乔木、阔叶常绿乔木以及松柏科。生长成熟的乔木会占据相当大的空间，具体的高度和覆盖面积取决于树的种类，如一株生长成熟的法国梧桐冠径可以达到 15m 以上。

乔木的生长速度根据树种和环境条件的不同而变化，随着生长，它们的外形可能发生改变。即使生长最快的树木也需要一段时间才能长成，因此植树需要经过两个阶段——密集种植和促进树木向上生长阶段，目的是为了在未来将数量精减到一两株。这种概念是环境景观设计动态性的表现。

树木有表里之分（美观漂亮一侧为表），种植树木时应展现其表。如果树木枝叶较稀疏，可将同一树种作丛植，弥补整体形态上的不足。

近年流行移栽一些已经长成的大树，来快速实现一个比较成熟茂盛的植物景观效果。然而我们应该意识到这样移栽的树木，其生长和寿命与在一个地方固定栽植的幼苗是绝对不同的。移栽的树木需要几年的时间来适应周围的环境，

植物的衬托与遮挡　　　　　人类农业文明创造的景观

在植物生长比较迅速的地方，其效果可能与原地栽植的小树一样。而小树的生长使我们有机会观察到树木早期快速生长的过程，不可忽略的是这一点既让人感到满足又具有教育意义。

藤蔓

藤蔓的生长有些需要支撑，有些需要缠绕或者依附。藤蔓结合高架结构可以提供舒适的荫凉。建筑物的墙壁往往爬满藤蔓用以隔热并且减少刺眼的眩光。

草本植物

草本植物、根茎植物、香草植物以及一年期植物不仅有漂亮的叶子，还会开出绚丽的花朵，几乎深受所有人的喜爱。花卉应该近距离观赏并且背景要简单。

植物造景

植物一直以来都是人类生存的基本条件。远古的狩猎者们掌握了大量的与植物有关的知识，他们知道如何识别那些对人类生长有益和对人类有害的植物。事实上，可以说是人类祖先世代共同积累的种植知识使人类掌握了如何有序地栽种和照看植物，最后获得丰收。

农业生产在其诞生的同时也伴随着景观设计的诞生——在这一过程中塑造了地表的景观，完善了人类的生存环境。植物是形成这个过程的基础，过去是，现在是，将来也会是这样。

植物是景观设计师展开设计的必要条件。无论景观设计师是否设计出优秀的作品，植物始终是可视景观的主要构成元素。建筑从建成之日起便开始折旧，失去活力，而与建筑不同的是，随着岁月的流逝、四季的更替，景观中的植物会呈现出不断变化的景致。

对于远古的狩猎者们来说，辨别不同植物是一项基本生存技能。而对于景观设计师来说，能够区分出哪些植物适宜在特定的场地或者场所中生存在他们的工作中也是非常重要的。

植物命名采用通俗名和拉丁名的双名制。例如，蒲公英在其生长地所在国家有很多不同的地方名，但是它的拉丁名 *Taraxacum* 是通用的。拉丁名的应用仅有几百年的历史，但这种标准化的植物命名方式为全世界的人们带来了极大的方便。

生长和管理

选种植物时要考虑植物生长的条件与生存需求，同时还要满足设计初衷。

为保证植物存活，我们挑选植物时必须掌握其成长条件、耐受度、土壤和气候的适宜度以及植被生长的一般原则。

栽植后对树木的养护也很重要，这种养护和挑选植物息息相关，主要包括定期的灌溉和排水，土壤不能产生内涝；必要的施肥以提供植物生长的营养物质，以及除草和修剪。然而很多植物并不需要很多的养护。原生植物栽种稳固后就可以减少灌溉量，也不需要太多的修剪；草坪需要定期的修整，而很多地被植物则不需要修剪，也不需要除草。因此，从审美和功能的角度选择植物时需要仔细计算保养费用及其他相关成本。

设计潜力

"植物调色板"是植物配置设计中的一个专业术语，这个术语恰如其分地形容了植物的配置过程。画家用类似的方法来选择颜料颜色、质地，并将它们呈现于画布上，而景观设计师需要从众多的植物配置选择中，挑选出最适合场地的形式。植物的种植位置和品质选择应该来自于解决设计难题。植物可以赋予一个项目形态，经过认真地组合这些植物同样可以像建筑物一样构成空间。种植灌木和树篱可以围合出不同的区域，可以遮挡不希望被看到的内容。爬满

植物作为背景

青岛雕塑公园植物营造的层次感和空间感

藤蔓的花架可以起到遮盖棚顶的作用，还可以在地面上形成漂亮的阴影图案。经典的林荫大道是利用植物构建空间的一个实例，在区域景观中，林中空地被树木从空间上划分出来。根据规模大小，这种用树木创造的空间分割感或围合感是感知到的而非实际打造的，而树篱和灌木则会真实地形成实体上和视觉上的障碍。

交通动线是另外一个设计方面，可以通过植物加以强调、标示、衔接或突出路线的方向性等。在城市，道路两旁的树木可以起到给区域或者主要道路及路线提供标识的作用。

植物另一项重要功能是防止土壤侵蚀，阻止降水对裸露地面的冲击，减少径流，防止河岸或山体的滑坡。种植植物有助于保持水分，保护地下水源的补给。

植物还具有调控微气候以及降噪吸尘等作用。树木纤细的枝叶能够分散风力，松柏植物尤其适宜抗风。在炎热的气候下，树荫可以影响温度，在一定规格的森林里，植物蒸发的水蒸气可以起到冷却空气的作用。落叶树木季节性提供荫凉的特点对于夏天炎热、冬季寒冷的地区有着特别重要的意义。

设计的关键点之一是植物最终的大小尺寸：高度和覆盖面积。树木的形状、色彩、密度和质感肌理赋予了植物另一种品质要素，这些品质随时间和季节的变化而改变（特别是落叶植物）。

植物配置可以有很多种组合形式，实践经验丰富的设计师会在熟悉的植物配置类型中加以选择，这些经验都是他们在一次次的实践积累中得到的。这在设计师日后的工作中也有利于他们形成自身独特的设计风格。

6）地域文化及特色

地域文化是在一定的地域范围内长期形成的得以与其他地方区别开来的历史遗存、文化形态、社会习俗、生产生活方式等，它包含了从社会意识形态到生产生活的各个层面，应在设计中加以重视和把握。

景观设计应解决空间现代化和空间本土化的关系，与地域文化和当地地域特征相适应，有意识地把文化因素注入现代空间中，赋予景观以文化内涵，使生活在环境中的人在景观中产生认同感、归属感和亲切感，这有利于创造多样化的地域景观。

景观的外在空间秩序源于内在社会生活秩序，对使用群体的考虑是景观人性化设计的重要体现。景观设计应分析环境使用者在生理和心理上对于空间的需求，关注人的心理感受，针对大众普遍的行为心理，同时又要考虑到群体中的个体差别，使设计具有较强的适应性和多样性。

6.2.2　场地与场地分析

1）场地分析概念的认识

对于如何合理地塑造场地而进行的一系列专业的考察与分析即为场地分析。

景观的任何要素都可以被看作是一个相互联系的系统中的一部分，这个系统构成了我们赖以生存的物质环境的结构，若景观中的任何要素发生变化，则其他要素也会随之发生变化。场地塑造并非难事。将一根手杖插入地面，它的功能就从手杖变成了地标。场地构成了这根手杖的最佳背景或者成为其特定用途的环境，使得周边的景观也融入了人的视野当中。这根手杖因此具有了人性化的意义，并与场地形成了对话。

人们很少见到"场地"这个词单独出现，它更多是与其他具有特定指向的词汇一起组合出现，例如建筑场地、游戏场地、运动场地等，其概念指特定的区域，包括物质性和虚拟世界里的区域，它为人的行为和活动划分了界限并满足人的使用需求。

2）场地分析

信息清单

当景观设计师接到设计任务，面对一片未经开垦的场地，尤其是特殊场地，也许常常会感觉没有头绪、无从下手。此时，设计师需要做的第一件事就是要了解场地的特点和性质。

首先在一张清单上列出场地的各项基础资料和数据。它有助于设计师了解场地的基础条件，并为接下来的设计工作做好铺垫。这份清单的内容应该体现场地的各种基础资料：包括场地的历史变革，从地貌的形成直至人类后来的栖息、生存；包括场地内植物的生长情况；还要列出社会、经济数据指标，例如，场地所在区域的贫穷或富裕程度；地质、土壤、水文条件也至关重要；还需观测主导风向，分析太阳辐射强度。这通常需要花费大量的时间进行基地调研，依此才能展开清单的编辑工作。将收集到的资料汇总在一起，才可以使景观设计师对场地有一个大致的了解，设计师最终的设计理念和设计方法必须客观地参考这些场地基础资料。

地形图

地形图在场地清单编辑、场地分析和设计过程中都十分重要。在图上列出调查清单往往要比单纯的手写更容易。

同时，地形图和草图、照片、视频一起有助于我们了解场地的地貌特征。比如，我们不能从河流的草图中断定出河水的流向，而表示河水流向的地形图则用箭头指示出了河水的流向，这种地形图可以传达出大量的场地信息，即使没进行过场地调研的人也可以从中了解场地的面貌。

地形图不仅可以展示现存的景观，还可以用来展示待建的景观。它为设计师提供了一种方法，来检验不同的设计方案实现的可能性。

如果在进行调查时手边没有场地的测绘地形图，也可以简略绘制场地草图，草图不要求比例精确，做到便于记录即可。

调研方法和内容

（1）调研之前，制定调研计划和详细调研内容目录：

a. 基地环境——基地现状、规划性质、使用人群等

b. 基地周边环境——周边地区的土地使用性质、建筑物、构筑物、城市公共设施、城市路网、交通流线组织等

c. 历史文化——人物特点、特色建筑形式、地方特色、地方文化、历史遗迹等

d. 特色动植物——乡土植物、适应性植物等

e. 自然环境——区位、季风、气候、降水等

（2）调研方式：

a. 实地考察——从时间上（四季、早晚）；从分类上（植被、生态、河流、建筑、文脉、农田、村落等）

b. 人物访谈

c. 查阅资料

（3）研究方法：

a. 认识调研

* 视觉认识

* 文献认识

b. 理解性、分析性调研：在认识调研基础上有针对性地进行，也可以称为详细调研。

认识调研和详细调研都可以进行多次的补充调研，从而达到完善资料、认识和理解设计场地的目的。

记录场地信息

手绘速写是记录场地信息的重要手段，它能真实地反映人们所看到的景观。但现在的设计师更依赖于科技手段。数字图像提供了主要场地资料，景观设计师可以根据这些资料来进行设计。

摄影是最主要的数字图像手段，它能重现人们经过景观时的体验。从飞机或卫星上拍的航拍图像展示了地

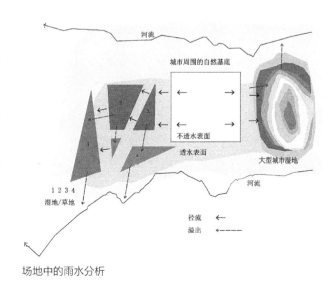

场地中的雨水分析

上技术所不能表达的细节。摄像是最有效的一种多媒体技术手段，它始终呈现动态的景观，回放真实的场景，使人犹如身临其境。

设计师通过绘制和影像记录的方式表达出场地的物质景观特征，为整个设计的展开打下基础。

进行场地分析

在调研、场地绘制等工作基础上编辑完成的信息清单是下一步进行场地分析的重要依据。

场地分析就是指通过统计分析、信息清单上的数据资料找出场地的内在特征，主要的场地分析内容包括自然环境分析、基地现状分析、基地周边环境、使用人群分析、历史文化背景分析、特色动植物分析等，并借此给出有关场地建设条件的评价。例如，位于山地背阴面、气候潮湿的地段，很可能不适宜居住；受洪水侵袭的地段可能不适宜建设地下停车场；以及周边地区的土地使用性质、交通流线组织、使用人群的特点及活动类型、气候条件、适应性动植物等。

现状分析需要借助于各种制图技术。这些技术可以帮助设计师比较和对比清单上的各项条件。由伊恩·麦克哈格提出的"千层饼模式"就需要借助地理信息系统应用技术和电脑成像等辅助技术，它们在现代景观设计中至关重要。

6.3 景观设计的表达

要点：

掌握景观设计的表达形式

 设计表达是将设计者的创造付诸实践的图、文手段，是设计者传达设计信息的必要媒介，景观设计具有工程、艺术的双重性，因此其表达也需要满足工程技术需求和艺术表现的要求，具备准确性、艺术性、阶段性等特点。本节的目的在于帮助大家了解设计表达的具体形式及其作用。

 在景观和建筑设计领域里，当我们从设计表达形式中获取信息时，我们所进行的是一个认知和熟悉场地，以及展示和检验设计理念的过程。同时，这也是设计师向客户和施工人员传递想法的过程。因此学习设计的同时也必须学习设计的表达，并借此提高设计者的艺术修养、鉴赏能力和专业综合素质。其主要作用如下：

 （1）便于设计人员收集资料、推敲方案，以及与同事或业主沟通交流等。

 （2）作为施工依据，便于指导、修改、调整施工方案，指导和进行工程施工。

 （3）便于公众了解设计过程和建成效果，有效引导"公众参与"设计。

6.3.1 草图

 草图是一种能快速完成且能捕捉到场地或理念本质的绘画方式。它同时也

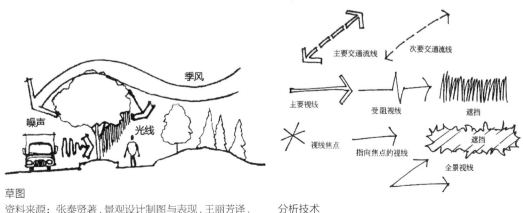

草图

资料来源：张泰贤著.景观设计制图与表现.王丽芳译.   分析技术

是传递和交流想法的一种快捷方式。很大一部分具有决定意义的绘画往往都是出现在设计师的速写本上，甚至是设计师餐后使用的餐巾纸上。草图常常可以捕捉到设计师头脑中闪现的灵感火花。

草图提供了一种可操作的速记方式，它可以把一些非常重要的关键要素浓缩于一根根简洁的线条之中，大量的信息和理念都可以浓缩于最简单的图案之中。

在设计过程中，经过训练的设计师可以熟练地运用文字和图画，让它们同步协调并且灵活地表达设计师的设计想法，这一奇妙的过程可能会完全以草图的形式呈现。设计师寻求思路而绘制的随意线条、不规则的图画、需要检验和付诸实践的想法，以及偶然闪现的灵感，甚至包括整个的方案设计过程和设计师思路演变轨迹，都是草图记录的一部分。草图是设计师身体、大脑以及感官的延伸，并且可以方便地供人阅读和理解。

1）观测草图

最简单的捕捉景色、记录场地信息的方式是使用照相机进行拍摄，只要站在观测点按一下快门就可以完成。但是设计师在观察景色时往往想突出其中的某些元素，是照相机不能完成的。所以拍摄可以用于单纯的欣赏景色，但却不能作为认知场地的最好方法。

观测草图是设计师认知场地常用的方法之一，在很多方面都具有积极的意义，包括为人们提供了一种便于理解和观察的方式，赋予设计师进行观察的手段，甚至记录观测过程中突如其来的设计灵感。观测草图可以记录下一系列的时间片段，这是设计师熟悉场地并对场地加以感受和识别的过程。通过这些草图，设计师可以更好地向他人传递信息以及与他人进行交流。

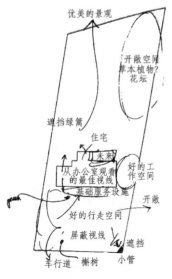

场地观测及分析
资料来源：T 贝尔托斯基著 . 园林设计初步 . 陶琳，闫红伟译 .

2）分析草图

分析草图在设计的各个环节都是有帮助的，它是分析和捕捉场地内部特征要素的最主要、最根本的工具。这些特征要素往往是多变且相互影响的。分析草图在前期场地分析中发挥着不可替代的作用。

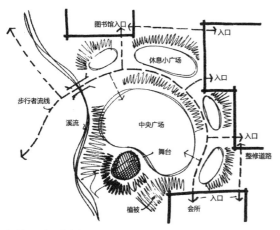

场地观测及分析
资料来源：张泰贤著.景观设计制图与表现.王丽芳译.

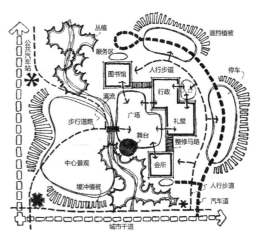

流线分析：记录场地中的主要路线和次要路线，明确出入口的位置，观察停车场地的需求，绘制分析图以指导设计中的交通组织。

与概念草图相类似，分析草图对表现空间之间的关系帮助很大。所不同的是，分析草图可以表达出更多的场地信息。

比如表示整体区域与基地关系的区域分析草图，通常包括距研究中心半径为50km的范围。含该区域的社会人口、经济、交通、文化等状况。

表示临近环境关系的分析草图，用以表示研究区域附近及邻接土地的使用状况。主要是道路系统，河流或行政分界，可以明了研究区域与附近之区位关系。

场地的自然特征可以通过分析草图来加以分析，其中可能包括该场地的主导风向、降水、土壤；目前最重要的自然环境要素，甚至关于一些濒危物种栖息区的划

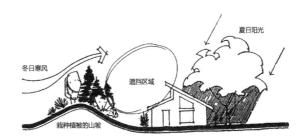

气候条件分析

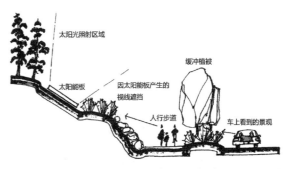

视觉分析：记录场地中的不佳视线和良好视线，记录可以造景的潜在视线，如从场地向外看的公园绿地、较好的建筑景观、遗址古籍保护区等。
资料来源：张泰贤著.景观设计制图与表现.王丽芳译.

定、场地文脉等。对场地中的物种元素、人们的活动特征以及与自然环境相冲突的方面进行记录，并通过分析图进行标识，这样可形成一系列关于场地及其内部特征要素的分析草图。需要分析的内容包括：

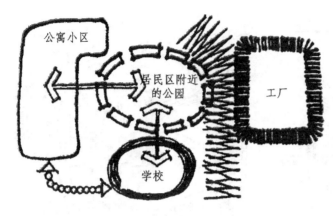

周边关系分析

澳大利亚议会大厦概念草图

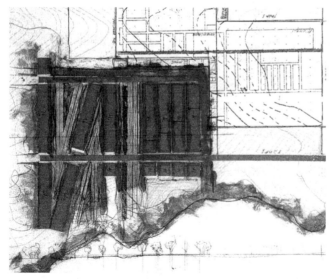

2005 年 ASLA 获 奖 作 品 ——12,000 Factory Workers Meet Ecology in the Parking Lot 设计草图

（1）自然因素：对地形、气候、土壤、植被、水文、主导风向、噪声等进行调查、记录和分析。

（2）人工因素：

——人工设施：保留的建筑物、构筑物、道路、广场以及地下管线等。

——人文条件：历史地段位置分析、历史文化环境等。

——服务对象：包括人们行为、心理的分析。

——甲方要求：设计任务书内容。

——用地情况：基地内各地段的使用情况。

——视觉因素：周边景观效果的好坏，以及基地内的透景线、制高点等。

分析草图是设计工作的切入点，也是设计意向产生的基础，直接关系到设计方案的可行性、科学性和合理性。

3）概念草图

概念草图是提出和交流设计思想的一种非常便捷的方法。概念草图通常会采用一些数据或者列表的形式。泡泡图就是一个典型的例子，它频繁地被应用于景观设计之中，用于展示场地内不同部分的不同用途。

概念草图在表达空间、功能、流线之间的联系方面也通用有效。在方案设计前期，概念草图常常可以避开那些可能会起到干扰作用的繁琐细节，并进一步把那些对设计有帮助的要素进行灵活运用。概念草图还常常是最终形成设计方案的关键。在与客户和社会公众交流的过程中，概念草图也是一个便于表达思路的好帮手。

6.3.2 正投影图

正投影图是反映场地或者物体真实情况的一种表现形式。正投影图通过成比例缩放来实现图画的绘制，因此也被称为技术制图。正投影图的意义在于将三维的场地或物体转化为二维形式进行表达。参照设计师的说明，工程人员可以通过翻看这些精确绘制的正投影图熟悉工程的各个细节，知道各部分的具体位置以及如何施工建造。你可能经常看到那些头戴安全帽的人们手中拿着许多图纸，没错，那就是我们所说的正投影图。

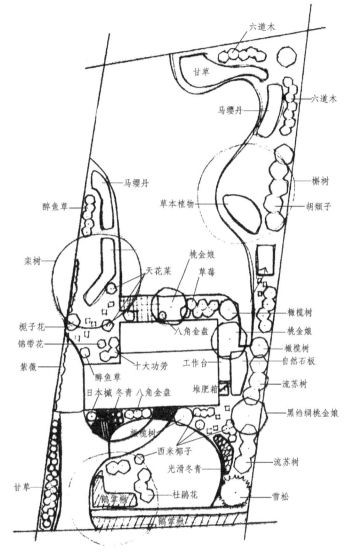

设计草图
资料来源：T 贝尔托斯基著．园林设计初步．陶琳，闫红伟译．

比例的使用使正投影图的绘制成为可能，它通常用一个分数或者是个比率来表示。通常使用合适的比例可以将场地或者物体的全貌绘制出来。与真实景物大小一致则比例表示为 1：1，是真实景物的一半大小则比例表示为 1：2。为了将大尺度的场地放置于标准规格的图纸中，景观设计师经常采用 1：200 直至 1：1000 的比例。如果是地图的话，图纸内容会比实际小更多。

平面图是表达水平方向的二维正投影图，相对于人的视点在场地或者物体的垂直上方所看到的景象。但是这个景象是没有透视效果的，因此称为"正投影"。剖面图则是垂直方向的二维正投影图。就像切面包片一样，有一个垂直的切片切开场地或者物体。剖面图可以准确地表现出被切割场地或者物体的高度和宽度。平面图和剖面图是两种重要的正投影图。

1）平面图

平面图绘制的是场地的地面表层，反映的是物体之间的水平距离。

平面图是一种二维制图技术。虽然平面图在交流设计方案方面是十分完美的工具，但与三维空间相比，在平面中，观察者处于现实中不存在的一个理想视点，只看见不表示物体高度、透视到地面的简单图形，这种顶视图有时会对方案设计形成误导，使设计过程陷入一个平面游戏之中。但从本质上讲，平面图是为了将设计方案准确转变为其他形式以使方案与场地相匹配的必要过程。

环境景观设计的总平面图反映的是设计地段总的设计，反映组成园林各部分的长宽尺寸和平面关系，表现工程总体布局，同时也是绘制其他图样、

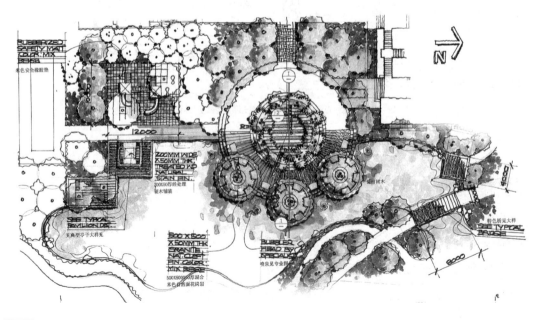

平面图

施工放线、土方工程以及编制施工规划的依据。主要内容包括道路、地形、水体、建筑、景观设施、植物种植等各种构景要素，内容非常全面。图纸一般按上北下南方向绘制，根据场地形状或布局，可向左或右偏转，但不宜超过45°。

以下列出的一组比例尺度仅仅表示为其使用之后给人们带来的一种感受，以及与其相匹配的场地规模。这些是适用于绘制表现图和地图的比例

1：1	实际尺度
1：10	公交车站
1：100	绿地、花园
1：500	城市公园
1：1000	邻里关系
1：20 000	城市
1：200 000	郡、县
1：1 000 000	国家
1：50 000 000	世界

各种尺度的适用比例示意

总平面设计的主要内容包括：

（1）设计范围：给出设计用地的范围，即规划红线的范围。

（2）建筑和园林小品：总平面图中应标示出建筑物、构筑物及其出入口的位置，并标注建筑物的编号，一般采用顶平面图绘制，园林小品用图例标示出位置。

（3）道路、广场：道路中心线位置，主要出入口位置，附属停车场的位置；广场的位置、范围、名称等。

（4）地形水体：绘制地形等高线，水体轮廓线，并与其他部分区分开。

（5）植物种植：表示植物种植点的位置，如果是大片的树丛可以仅标注林缘线。

（6）设计说明：在图纸中需要针对设计方案进行简要的论述，内容包括设计项目定位、设计理念、设计手法等。

（7）设计指标与参数：如经济技术指标、用地平衡等。

（8）其他：图纸中其他说明性标识和文字，如指北针（或风玫瑰图）、绘图比例、文字说明、景点、建筑物或者构筑物的名称标注，图例表等。

总平面图的绘制要求内容全面、布局合理、艺术美观。总平面设计图是展示项目总体效果的最主要图纸，所以在图面表达上，应尽量增强其艺术表现力和感染力；根据出图要求确定图幅，绘图比例，其中文字、标题、表格等需结合图面效果，合理布局，有效利用图纸空间；合理利用文字、表格或专业图例说明设计思想、设计内容、主要设施等。

2）剖面图

剖面图表示的是在平面图中呈现的物体被垂直切割后的高度和宽度。同

剖面的概念

资料来源：王晓俊著．风景园林设计．

样，剖面图也是一种二维制图技术。剖面图可以表现出各要素之间的距离，但不表现物体的深度和透视。根据平面图中的一条剖切线，我们可以在剖面图中建立起物体的竖向关系，这有助于检验平面图中的物体是否符合人体尺度。尤其是在分析多变的场地地形时，需要展示一系列的剖面图，如果在剖面图中绘制了相应比例的人，那么将对建立尺度关系非常有帮助。这一系列的剖面图将形成一组关于场地的有序图片，向人们传递丰富的场地信息。值得一提的是，优秀的景观设计师绘制的剖面图不仅包括地上部分，而且还包括地下部分。

剖面图是用一个假想剖切平面将几何形体剖开，移去观察者与剖切平面之间的部分，将剩余可见部分向投影面投影所得的投影图。剖切原则主要是使剖切平面通过形体上最需要表达的部位，即尽量通过形体的孔、洞、槽等隐蔽部分的中心线，以便清晰表现形体内部的构造，有全剖、拐剖、局部剖切之分。

剖面图中剖切到的图形称为"断面"，断面内要画出材料图例，轮廓线用粗实线绘制。如果不知名材料，可以用等间距、同方向的 45° 细斜线来表示。剖面图除了要正确绘制剖到部位的"断面图"之外，还要用细实线绘出剖视方向可见的"看线"。

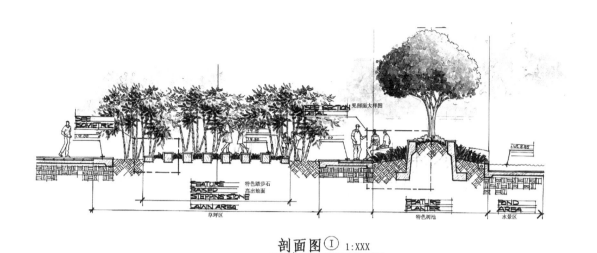

剖面图 ⓘ 1:XXX

剖立面图

3）立面图

与剖面图的原理一样，立面图表现的是建筑立面水平投影的图形。但是立面图不仅能够呈现出建筑立面上的元素，而且还可以呈现出从某个方面看过去隐藏在那些元素后面的物体。与透视图不同，立面图上的物体规模大小不会因距离而发生变形。立面图是按照精确的比例进行绘制的，不会因为剖切线距离不同而受到影响。立面图可以提供相关方案的全景，这对检验设计方案来说十分有利。

4）详图

详图一般选用较大的比例（1∶1，1∶2，1∶5，1∶10，1∶15，1∶20，1∶30，1∶50），是将细部、节点、构配件、材料、做法等，按正投影详细表达的图样。其特点是比例大，图形表达详细，细部尺寸标注齐全。详图的图名应与详图的索引符号相符，对于面积较大的区域应给出索引图。

5）竖向设计图

竖向设计图是在平面图的基础上，着重表现设计的地形情况的图样。主要反映地形设计等高线及山石水体、道路和建筑的标高，以及它们之间的高度

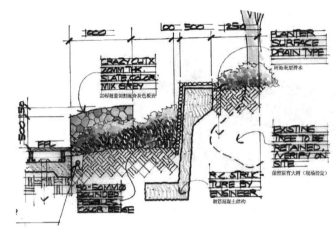

剖面详图

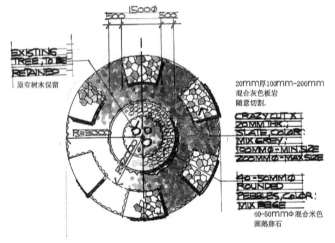

平面详图

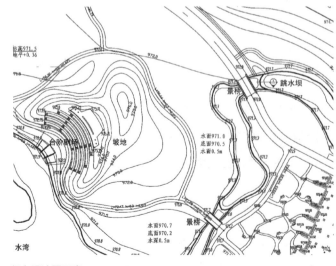

竖向设计图示意

差别，为工程土方和调配预算、地形改造的施工要求做法提供依据。在竖向设计图中，可采用绝对标高或相对标高表示，通常也绘制定位网格。

具体绘图内容及要求：

（1）计量单位：通常标高的标注单位为米（m），如果有特殊要求的话应该在设计说明中注明。

（2）线型：竖向设计图中比较重要的就是地形等高线，设计等高线用细实线绘制，原有地形等高线用细虚线绘制，汇水线和分水线用细单点划线绘制。

（3）坐标网格及其标注：坐标网格采用细实线绘制，网格间距取决于施工的需要以及图形的复杂程度。一般画成100m×100m 或者 50m×50m的方格网，当然也可以根据实际面积的大小及其图形的复杂程度加以调整，如 30m×30m 的方格网。对于面积较小的场地可以采用 5m×5m 或者 10m×10m 的坐标网。坐标分为测量坐标和施工坐标。测量坐标为绝对坐标，坐标代号一般用"X、Y"表示。施工坐标为相对坐标，相对零点通常选用已有建筑物的交叉点或

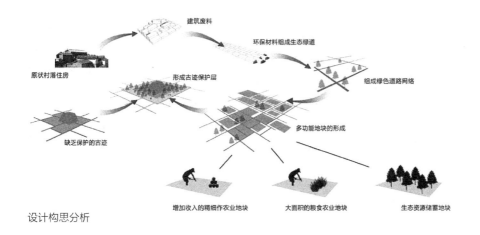

建筑废料

环保材料组成生态绿道

原状村落住房

形成古迹保护层

组成绿色道路网络

缺乏保护的古迹

多功能地块的形成

增加收入的精细作农业地块　　大面积的粮食农业地块　　生态资源储蓄地块

设计构思分析

道路的交叉点，为区别于绝对坐标，施工坐标用大写英文字母 A、B 表示。

竖向设计图坐标原点宜选择固定的建筑物、构筑物角点，或者道路交点，或者水准点等；对平面尺寸进行标注的同时还要对立面高程进行标注（高程、标高）。

6）设计分析图

环境景观设计的重要内容如整体空间的布局关系，空间各组成元素的相互关系和空间位置等，需要通过设计分析进行完善和表达。包括自然条件和人文环境分析、场地限定条件分析、功能分区分析、交通流线分析、绿化分析等。设计的前期分析和设计分析都需要以图示方法进行展示，并且，分析图应具有自明性，能够清晰地体现设计师的设计依据或者设计方案的构思。

7）植物种植设计图

植物种植设计图是表示设计植物的种类、数量、规格、种植位置、配置方式、种植形式及种植要求的图样。

6.3.3　三维图像

1）透视图

透视图是写实的三维图像，可以在表现场地景象、感受以及特征方面发

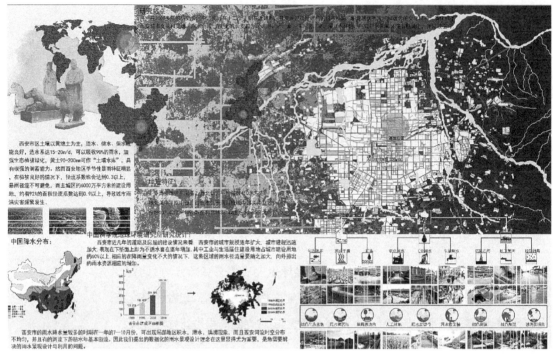

常见的基地综合分析表达方法：结合地形图，对基地基本状况、气候、水文、植物、现存建筑物、构筑物、公共设施等进行环境景观的现状分析，为后期景观的设计或改造提供依据。

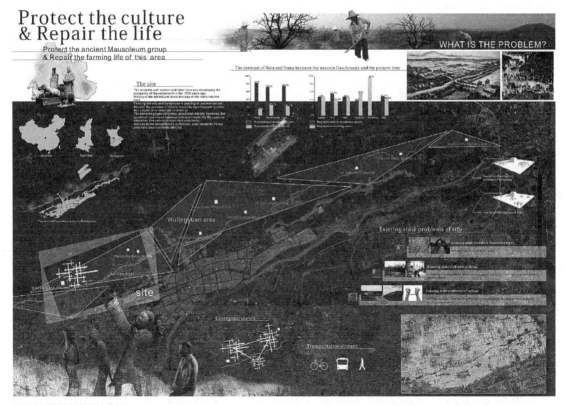

历史景观保护的设计分析

挥重要作用。在大量的正投影图绘制完成之后，透视图就可以通过这些高精确度的技术制图方便地绘制而成。同时，还可以在其中加入设计师自己的情感内容和说明。透视图通过绘制多条直线并在背景中聚合而形成灭点，进而通过这些聚合的线建立一个有纵深感的画面。

作为一种设计工具来说，透视图是非常有用的，它可以快速地建立一个符合人体尺度的紧凑场景。而且在传达设计理念方面，透视图同样是非常有用的。因为没有接受过专业技术训练的人们不太可能看得懂技术制图，相比之下，却很容易地从透视图中了解到设计师的想法。透视图最主要的缺点就是它本身是一张静态的图片，不能反映出人们在场景里活动所获得的体验。对于景观设计专业来说，场地与人们的活动是紧密联系的。设计师应该时刻铭记这一点。

透视图可以分为一点透视、两点透视、三点透视等几种类型。视高不同所获得的透视感也不同，通常视点的视高以人站立时眼睛的高度为准，一般为 1.5 ~ 1.8m，为了加强透视的表现效果，有时可以适当抬高或降低视平线。

常视点位置的透视图视域较窄，环境景观设计中为展现总体的空间特征和局部间的关系，常用视点位置相对较高的鸟瞰透视图来表现。在一定的视距内，视平线的抬高或降低幅度是有限的，应以视角不超过 60° 为准，以免失真。复杂的鸟瞰图的一点透视和两点透视可以借助方格网的方法，向环境景观施工过程中使用的定点定位网格一样，通过方格网确定图上各点的位置。

圆和曲线的透视也可通过网格辅助线求出透视。

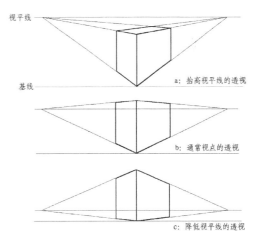

视高与透视效果示意

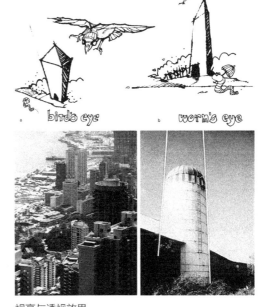

视高与透视效果
资料来源: sketching with markers , second edition, thomas c.wang]

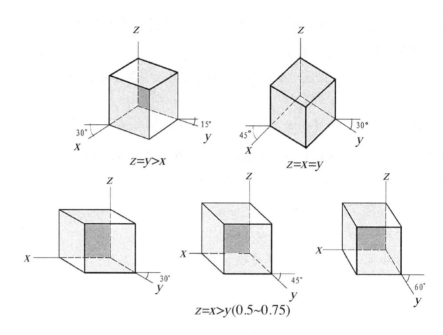

以正方形为例的轴测图画法示意

2）轴测图

在展示场地三维立体空间方面，轴测图是非常真实而且便捷的工具。当然，这是需要通过精确的计算来绘制。我们知道，平面图和剖面图有两个轴，分别为 X 轴和 Y 轴。轴测图则是在这个基础上再增加一个 Z 轴。在绘制的过程中，平面图应该按照一定的角度旋转与 Z 轴对应，然后，从平面图上各点引出的垂直线与 Z 轴相接，建立一个精确的三维立体图像。与平面图相类似，观察者的视点也是处于一个理想状态的虚拟位置上。

轴测图既然是根据平行投影所形成的视图，可知轴测图形成的三维空间图里，至少在两个维度上保持真实尺度不变。轴测图为人们呈现出了一种别样的场地感受。虽然在方案设计中，轴测图或多或少会对设计的品质产生一些消极影响，但是，它仍然是一种非常有用的工具。我们应该明智地将轴测图与其他类型的表达方式配合使用，以便实现更好的设计效果。景观设计中广泛应用的是 45° 轴测图和 30° 轴测图。

45° 轴测图是 X 轴和 Z 轴成 45° 夹角的立体图像，它可以有效地表现出建筑的三维立体效果。人们在观看 45° 轴测图时会有一些不适和眩晕感，这种轴测图也被称为"军事制图"。

30°轴测图是 X 轴与 Z 轴成30°的轴测图。这样形成的三维立体图像，可使建筑更加优美且体积相等。30°轴测图常常在场地交流之中加以应用。

6.3.4 模型

模型制作在环境景观设计教学和设计过程中都具有重要作用，通过模型的制作可以训练设计意向和空间观念。模型制作使创作构思获得一种具体的形象化表现，它比图纸更具有空间感，可以增强设计师整体的空间环境意识；它可以使设计师更方便地检验设计理念，而无需花费大量的时间和精力来建立真实尺度的原型，它与图纸的设计表现融为一体，对设计方案起到重要的指导作用。无论是最初的场地调查，还是最终的设计方案分析，模型制作在设计的各个阶段都具有一定的意义。在设计的初期阶段建立简单的轮廓模型将十分有益，通过这些模型，景观设计师可以获取相关场地的各种信息，比如，场地的空间感、尺度感、水流方向、景色、微气候及其他主导因素。随着一些要素的增加、设施的变动以及设计师理念的变化，每个设计方案都有可能在前期模型的基础上深入发展。当然，模型制作需要谨慎地测量和计算以使模型的比例准确，这样设计师才能更好地检验其设计理念。模型制作还需要注意考虑色彩的总体基调、主次关系。一般的做法是道路比硬化地面颜色深，地面颜色略深于屋顶颜色，以加强整体的和谐统一感和稳定感。

1）模型制作的工具和材料

模型制作的常用工具主要有各种工具刀、钢板角尺、卷尺、丁字尺、三角板、三棱比例尺，以及砂纸、锉等修整工具和铅笔、毛刷等辅助工具。

模型制作需要使用很多种类的材料。主要包括纸质材料、木板材料、金属材料、塑料材料、色彩涂料、胶粘剂等。其中木板制作的模型虽然比较昂贵但是却很出效果。模型可以被视为一个提示器，时刻提醒设计师关注场地的情况。由于模型制作常常是在室内完成的，所以从模型制作到展示的各个环节，我们都应该避免使用有害的物质，对于学生而言，应该选择那些富有表现力并且便于回收再利用的材料。教学中用于模型制作的材料主要有各类纸质材料、有机玻璃板、吹塑板、KT板、海绵、泡沫塑料等。

制作模型的常用工具

· **纸质材料**

纸质材料种类多样、物美价廉、易于加工塑形，是模型表现的重要材料之一，材料轻便但不易长时间保留。纸张按重量和厚度分为两类，厚度在 0.1mm 以下，每平方米重量不大于 200g 的称为纸，厚度在 0.1mm 以上，每平方米重量在 200g 以上的称为纸板。常用的纸质材料有卡纸、绒纸、吹塑纸（板）、瓦楞纸、彩色不干胶纸、仿真材料纸、锡箔纸或激光纸等。

卡纸有白色和彩色之分，制作模型时用于骨架、地形、桥梁、栏杆等能以自身强度稳固的物体。用白卡纸或灰卡纸制作的素模由于色彩单一，更容易突出空间造型的变化。

瓦楞纸呈波纹状，材质轻，具有良好的弹性、韧性和凹凸的立体感，常用来制作模型中的瓦屋顶等构件。一般厚度为 3 ~ 5mm。瓦楞纸的波纹越小越密也就越坚固。

绒面纸可用于制作模型的草坪、绿地、球场等，仿真材料纸用于各类仿真装饰。

吹塑板具有良好的表面光泽，色泽柔和丰富，易于加工成型，比较经济，但是表面十分容易破坏，易于折断，模型制作中可用于建筑、路面、台阶、山地等的表现。

· **塑料板材**

ABS 板是一种新型模型制作材料，是现今流行的手工和电脑雕刻加工制作的主要材料，具有坚硬、防火、防划痕、宜上色等特点；PVC 板有弹性、防水抗晒、易于上色；KT 板不易变质，易于加工。

有机玻璃板的种类比较多，常用的有透明和不透明之分。厚度分为 1mm，2mm，3mm，4mm，5mm，8mm 几种，最常用的为 1 ~ 2mm 厚。价格略高，但是制作出来的模型挺拔、光洁、美观精致。

一般来说,模型是按照图纸来制作的。学习初期可以选择吹塑板、卡纸、泡沫塑料等易于粘接、制作简单的材料。

2)模型的制作方法

·地形制作

地形的表现可以分具象和抽象两种形式,一定要根据地形的比例和高差合理地选择制作的材料。具象的地形模型可以用泡沫切削拼接而成,具体做法是取最高点向四外等高或等距定位,而后削去相应的坡度。抽象的地形模型需要先根据模型制作比例和图纸标注的等高线选择厚度适中的板材,并将等高线绘于板材上进行切割,这种地形模型对地形的空间尺度表达相对更为精确。

·道路制作

比例为 1 : 000 ～ 1 : 2000 的模型,在制作道路时宜简单明了,在颜色的选择上,一般用灰色。对于主要道路、次要道路和人行道的区分也主要统一在灰色调中来考虑,以明度变化来区分道路的类别,一般用灰色即时贴来制作。比例为 1 : 300 以上的模型,除了需要明确示意道路之外,还要把道路的高差反映出来,可用 0.3 ～ 0.5mm 的 PVC、ABS 等板材作为道路基本材料,用剪刀剪裁,并可喷漆上色。细部制作上,可用白色板材或即时贴裁成宽细条粘在主要道路上表示路缘石,而一些仿真材料纸、彩色砂纸等则可以用来表现道路的材质。

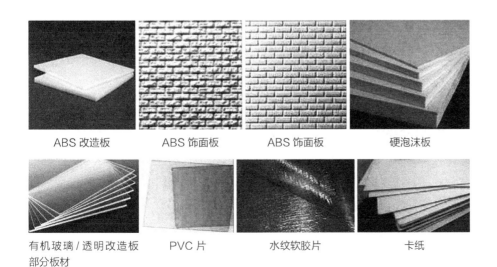

ABS 改造板　　　　ABS 饰面板　　　　ABS 饰面板　　　　硬泡沫板

有机玻璃 / 透明改造板　　PVC 片　　　　水纹软胶片　　　　卡纸
部分板材

·绿化制作

绿地一般在模型中所占比重比较大，可选择深绿、土绿和橄榄绿等色按图纸形状进行剪裁。如选用绒面纸做绿地，要注意材料的方向性，在阳光的照射下，绒面纸方向不同会呈现出深浅不同的效果。另外还可以选用仿真草皮或喷漆的方式来处理大片绿地。

树木模型一般分为具象的树和抽象的树。抽象的树可以概括为球状和锥状，用泡沫塑料修剪上色并加上树干即可。具象的树可以用铁丝制作，也可选择相应比例的成品模型或用干花等制作的树。

需要注意树高 5～8m，相当于建筑的 2～3 层楼的高度，不同模型空间中树的宜人尺度的确定，来源于设计师平时对于生活环境中植物高度的观察和体验。

·水面

水面的表现方式应随模型的比例和风格变化而变化。模型比例较小时，可将水面和路面的高差忽略不计，用蓝色即时贴按其形状进行直接剪裁粘贴即可。模型比例尺较大时，首先要考虑如何将水面和路面的高差表现出来。通常采用的方法是先将模型中水面的形状和位置挖出，然后将透明有机玻璃板按设计高差贴于镂空处，并在透明板材下用蓝色自喷漆上色。

·标题、指北针、比例尺

可用有机玻璃或即时贴制作。有机玻璃的标题、指北针和比例尺较有立体感，即时贴的制作方法是先用电脑刻字机加工出来，再用转印纸将内容转印到模型上，这种方法简洁方便、美观大方。

另外，雕塑、假山等建筑小品可用黏土、碎石、石膏、橡皮泥等制作，市政设施、小型建筑构筑物、人、车辆和路灯等，则可选择购买相应比例的成品模型，以使模型表现更为丰富。

3）模型的分类

·工作模型

绘图传达出的设计信息是有限的，因此常常需要把绘图转化成另一种形式以便深化设计理念，因此，设计师常通过制作方案设计各阶段的工作模型，将设计理念转变到三维空间中加以检验。通常来说，初步阶段的工作模型可能会有些散乱、不美观，但重要的是，制作工作模型是设计理念获得突破和进展的好方法；制作精美的工作模型可以使设计师对自己的设计理念更有信心。许多方案都是通过这种方式得以发展并最终完成的。

此外，工作模型通常可以反复使用，比如，添加或者移除某些设计要素，或者改变模型的场地表面。

工作模型的制作是为了深化设计方案，以及更好地熟悉与设计相关的场地特征。设计师可能会采用一些不同的方式来推敲或表达一个设计概念或者设计隐喻。推敲方案的模型往往会采用不同的材料来表达抽象的设计理念，帮助设计师运用最初的直觉来分析场地。当然，设计师也需要为自己的奇思妙想付出制作模型的汗水。在方案设计中，模型越真实，就越有助于方案的深入，使最终形成的方案与场地相适应。

局部空间认识模型

·展示模型

当设计最终完成时，也就到了需要一个极具表现力的模型来向客户和社会大众传达和展示设计方案的时候了，因此需要制作展示模型。展示模型的真实度和完成度都很高，当然，制作展示模型也是一件耗时耗力的事情。展示模型不仅需要在传达设计理念和比例尺度方面

四盒园景观模型

是完全准确的，而且还需要增加一些外在的效果或者灯光以增强模型的感染力。

在景观设计中，对展示模型制作的要求尤其高，制作的过程需要格外注意。在一个追求完全真实展现成品建筑的模型中，景观展示模型应该避免使自己看

起来只是一个微型模型的配件。为了呈现出光滑的、完美的、充满时代感和感染力的设计效果，设计师面临着材质选择等各方面的挑战。

6.3.5 计算机辅助设计

计算机表现方式目前以计算机绘图为主，常用软件有 CAD、3DMAX、Sketch Up、PHOTOSHOP、CLZ 等，分别满足了从二维、三维到后期处理的绘图过程。计算机绘图准确性较高，图面效果真实感较强。Sketch Up 甚至具备了草图制作功能，易于操作，便于修改和推敲设计过程。

1）正投影图

在过去的几十年间，计算机辅助设计（CAD）已经逐渐变成设计师进行设计的标准化工具。计算机可视化技术的快速发展大大扩充了材料使用范围和使用方式，同时，也缩短了绘制图纸的时间。初期的绘制图纸的过程或许很艰苦，但完成基础图纸之后，修改就变得容易。在这一点上，软件制图具有很大的优势。

人们常常以为 CAD 只是一个可以制作高精度技术图纸的软件。但事实上，它是一个相当复杂而且应用广泛的软件。不仅可以绘制工程图纸，还可以用于制作图片、采集信息、建立图表，以及制作动画。各种各样的输入设备的广泛应用也推动了软件的发展。如今，我们有许多十分先进的可视化演示设备和快速输出的打印机。虽然这些软件和输出设备在设计中发挥着不可思议的作用，但我们仍然需要手绘图纸。所有这些都仅仅是设计师设计工具中的一部分，设计师在工作中还需要用到模型、图纸，当然还有必不可少的速写本。

2）三维图像

草图软件可以用于建立三维立体模型，此外还有许多辅助软件可以将三维模型转化为不同类型的图像。通过计算机草图软件建立的三维模型虽然不够精确，但却可以快速建模。Sketch Up 便是其中的一种。如果想获得更为复杂的图形，设计师可以使用 Rhino 或者 3DMAX 软件，其输出的效果可以是只表达地形和建筑体量的简单的生硬的图像，也可以是真实感极强的模型，每一片树叶和窗户都能详细地呈现出来。使用这些软件可以使人们真实地从模型的上空或者内部获得最直接的空间体验。接近真实的体验具有很大的潜力，其对于设计来说是一个有效的工具。

6.3.6　展示文本

景观设计师必须掌握一种以简单直接的方式传达复杂设计理念的展示技能。设计师面对的听众常常来自不同的职业和层次，而展示过程必须让这些不同类型的人们能够理解和接受。标准的展示内容包括打印出来的解释说明、设计说明、图片、一组由计算机制作的展板以及场地模型等，展示需要在设计的多个阶段进行。首先，在最初的投标阶段，展示的作用是向大家展示个人技能和工作经验。其次，随着设计理念的产生和发展，与客户和公众进行交流沟通也需要进行展示。最后，当设计完成后，仍然需要制作面向客户和公众的展示板，最终的展示成果可能还要面对各种媒体。

在展示设计作品的过程中，文字显得尤其重要，一个有眼光的雇主往往会从中判断设计师是否可以胜任这项工作。景观设计师通过展示其个人技能可以获得很多的机会，并且也随之不断获得自我价值的肯定。

6.3.7　移动影像

视频技术和计算机软件的出现使移动影像的制作变得容易和经济。视频是极好的交流工具，它可以吸引关注，以绚丽的效果打动和折服观众。

移动影像在景观设计中可以建立动态的图像蒙太奇效果。设计师可以尽情地展开想象，图片的组合几乎没有任何限制。我们可以制作出具有全景视野的动画，其真实感和视觉效果都可以达到不可思议的程度。但作为一种媒介方式，移动影像也有一定的局限性，其美轮美奂的效果会对设计师产生一定的类似催眠效果的负面影响。

本章扩展阅读：

1.（美）蒂姆·沃特曼著．景观设计基础 [M]．肖彦译．大连理工大学出版社，2010.

2. 卢原义信著．《外部空间设计》[M]．尹培桐译．中国建筑工业出版社，1985.

3. 杨至德主编．风景园林设计原理 [M]．华中科技大学出版社，2009.

4. 王晓俊著．风景园林设计 [M]．江苏科学技术出版社，2009.

5.（美）伊恩·伦诺克斯·麦克哈格著．设计结合自然 [M]．黄经纬译．天津大学出版社，2006.

6.（美）米歇尔·劳瑞著．景观设计学概论 [M]．张丹译．天津大学出版社，2012.

7. 公伟，武惠兰编著．景观设计基础与理论 [M]．中国水利水电出版社，2011.

7 景观设计的一般过程

第七章 景观设计的一般过程

7.1 景观设计基本程序

要点：

了解景观设计的基本程序

本节分别从项目策划、项目选址、概念设计及方案设计几个方面介绍了景观设计的基本程序，引导学生了解景观设计的基本过程。

7.1.1 项目策划

项目策划可以大致理解为为完成任务而制定的一系列计划，但是在景观规划设计项目中，它更多地被用来描述各种设计元素之间的一种相互联系，这种联系决定了设计的特点。对场地的理解是项目策划的基础。客户可以是个人、团体，也可以是某个机构，他们向设计师提出自己的需求和想法。景观设计师接下来将对客户提出的要求与场地之间的协调性进行评估。为了客户的利益，设计师还需要考虑场地使用功能的其他可能性。在保证场地协调性的基础上，景观设计师将明确场地设计的对象和目标。

有了目标之后，设计师接下来便可以开始探究使用功能和场地之间的关系。在这里，图解分析是一种有效的方式，也就是我们通常所说的图解设计阶段。图解阶段将生成大量概念性的构思。在项目策划阶段，可以研究其他设计师的方案，从中找出可供借鉴之处，这被称为比较分析或案例研究。项目策划通常会促成工程概念性规划，并可以将其交至客户征求意见。

简单来说，项目策划就是将可能的行为活动和客户的需求注入场地中去，并在可行的范围内探究怎样将这些用途组合在一起。

7.1.2 项目选址

几乎所有的工程项目都需要景观设计师从一开始就参与进来。景观设计师能够从宏观上把握大局，从项目的开始直到结束。对于每一种用途来说，都有一块理想的场地。如果是客户委托的项目，那么景观设计师可以想尽办法为其寻找到理想的场地。例如，如果委托方是一所大学，其陈旧的教学设施已经不能满足自身发展的需求，急需规划新的校址，那么很明显，这个功能将占用相当大的空间。此外，还需要采用多样的建筑形式和功能，从科学实验室到图书馆，再到公共建筑和学生宿舍。这个场地还需配备完善的公共交通系统，因为学生们没有条件人人配备小汽车，大学建筑还需要展示它的文化性和思想性，能持久地调动人们的兴趣。

为了实现这些目标，景观设计师可以综合运用各种各样的方法和技巧，如概念性的图解。图解可以帮助分析客户提出的所有可能的行为活动和功能，并可以展示它们之间将如何完美协调地融合在一起。遥感技术在场地选址中发挥着重要作用，其中包括地形图、航拍照片、卫星图像和地理信息系统（GIS）的应用。但是，这一切都不能取代对场地的亲身体验。

7.1.3　从概念到设计

设计并不是一个线性的过程。现在我们已经了解到，场地评价清单、场地分析和项目策划等工作之间存在着交集，例如，在策划的过程中还需要进行其他的调查工作。整个设计过程是不断循环进行的。从项目策划到施工建设也是不断循环往复的。在设计中运用的检测方法与科学家反复进行实验、研究课题成果时所运用的检测方式是相同的，但与之不同的是，设计没有标准答案。设计师只能给出可行方案，这就需要设计师结合自己的想法，反复构思，不断改进。

对于景观设计师来说，不断推敲和改进方案的过程，就是使用各种各样的材质和技术来呈现场地可视景观和预期效果的过程。为了检测设计的可行性，设计师需要在头脑中想象场地的建成效果和功能，这个过程被称为"design move"，而草图和模型是用来推敲方案的主要工具。

7.1.4　设计过程

虽然设计是一个循环往复的过程，但是我们仍然可以把这个过程划分为几个阶段。我们可以想象设计师将在各个阶段中循序渐进地展开设计。这组连续的场景包括从概念构思到完成所有建筑的设计，再到项目的施工。

委托：客户在向设计师委托工程时，会明确该工程主要的意向和要求，提出设计的目标和预期的功能，并确定服务的内容。

调研：在制作场地清单时应该收集的场地资料包括地形图、场地照片、历史记录和其他文献资料。这其中还包括实例研究。

分析：以场地的限制性条件和客户提出的主要要求来检测备选方案的可行性。分析阶段制定的项目策划将形成初步的草案。

综合：草案研究是为研究备选方案而准备的，设计师需要与客户进行大量的交流，有时还需要集体讨论。随着草案的深入发展，可以进一步对其进行综合比较分析，以形成初步的规划。

施工：在最终的设计落实成详尽的施工文件之后，便可以展开施工。景观设计师通常会对整个施工过程进行监督。

运行：负责任的设计师会定期回访巡查，进行实地观察研究，这种做法值得借鉴。随着项目的建成和参观者到场地进行参观游览，设计师需要对方案的疏漏之处作出修改和调整。有时候，在设计完成后的几年时间内，景观设计师仍会保留设计文本，以备项目日后的维护使用。

7.2　景观设计方法初步

要点：

了解景观建设的基本过程

　　本节按了解设计任务书、进行总体设计构思、平面形态的组织、设计的综合、细节的深入、施工、建成的顺序介绍了具体的景观设计及建设过程，引导学生了解景观设计及建设的全基本过程。

7.2.1　了解设计任务书

　　设计任务书以文字和图形的方式给设计者提出了明确的设计目标和要求，例如设计的类型、基地环境条件、设计内容等。

　　任务书是对工程项目相关问题和条件的最初描述，而设计师接下来的工作重点便是解决这些变量。任务书强调了场地的历史意义和客户的要求，当然也包含地形、雨水、交通等设计相关的一些限制条件。此外还有工程的预算和时间周期，以及对工程团队的施工要求。有时整合和联系城市的各个节点要素也

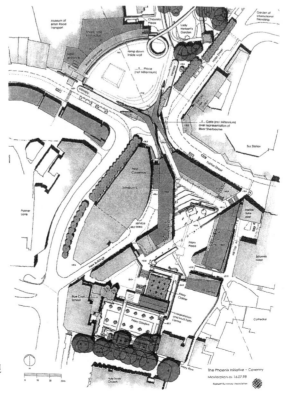

英国考文垂的城市修复规划方案
资料来源：蒂姆・沃特曼著. 景观
设计基础. 肖彦译.

是设计的要点，设计任务希望形成高质量的城市景观，借以提高城市的生活水平。

在开始一项设计任务时，应对设计任务书进行全面的认识和了解，对任务书所给信息进行分类，区分主次，从而正确掌握设计要求和任务书提供的信息，以便在接下来的调研和设计工作中，发现设计任务的核心问题，从而进行有针对性的创造性设计。针对设计任务进行调研是环境景观设计过程中必不可少的一部分工作内容。

7.2.2　进行总体设计构思

1）设计概念的形成

任何一处环境景观，由于设计任务、客户要求、场地条件的不同，其设计的重点也会有所不同，景观设计概念的形成来源于对主要问题、主要矛盾的理解和阐释。

以英国考文垂的城市修复为例，考文垂城市中心区有着惨痛的过去，战争的打击，不合时宜的激进开发都对城市造成了不可挽回的影响。在设计概念中，时代、记忆、调和以及市民的身份感都应该在中心主题中得以体现。这里的城市景观带有一种悲恸的情感，因此如何实现从过去到未来的自然过渡显得极其重要。

拉米设计公司构思了这样一个概念，设计一条跨越考文垂市过去、现在和将来的旅游路线。路线始于修道院花园，这里的考古学发现和古老的修道院会使人直观地联想到千年以来的城市历史。城市中心区的千禧门，象征着城市的现在，也象征着城市美好的未来。设计通过公共空间的活动把人们的生活同历史联系起来：战争、破坏、教堂、工业以及人和物的无间断运动。

设计概念从文脉方面为场地的理解提供了框架，使设计得以进行。

2）对限定条件的综合考虑

场地的限定条件对于环境景观设计通常具有重要的影响作用。对限定条件的综合考虑与分析，决定着设计的品质，决定着接下来的设计过程是否脉络明确、清晰。

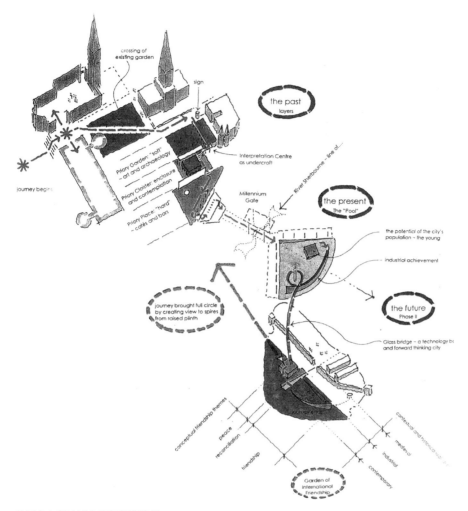

英国考文垂的城市修复游览路线
资料来源：蒂姆·沃特曼著．景观设计基础．肖彦译．

设计应注意场地与周边环境（自然环境、社会环境、历史文化环境等）、道路、现有建筑物等的结合与避让，以及良好、和谐的对话关系。根据一定的限定条件（如现有水体、地形变化、古树、古塔、现有建筑等），进行环境景观的道路安排、交通组织、地面停车、总体空间处理及空间序列组织等综合考虑。著名建筑师贝聿铭为卢浮宫改扩建而设计的玻璃金字塔，高 21m，底宽 30m，体量巨大，但设计使用透明的玻璃反映出旧建筑物褐色的石头材质，考虑了对主体建筑的尊重，对卢浮宫沉重的存在表示了足够的敬意；金字塔的建筑形式削弱了扩建对广场和旧建筑在空间感上造成的分割，而且为广场增添了奇特的景色，创造出了更加宜人的城市空间景观。

3）功能分区及其组织方式

环境景观设计的目的是在室外创造适宜人活动的各类场所，这也是环境平面设计中需要着重考虑的因素。为了使环境具有更良好的功能性，在设计过程中一般需经历三个阶段，即功能设定阶段、功能的量化与质化阶段、功能组织阶段。

功能设定

在环境景观设计中，功能的定位和分区是第一步。不同的环境类型，针对不同的使用者应有不同的主要功能。例如：住区、校园、办公、商业等类型的环境设计方式方法和手段都有不同。

功能设定的首要任务是为环境功能与环境基面要素之间建立起一定的对应关系。只有设计者对环境功能的了解越清晰，才越有可能对环境进行细致深入的设计，充分挖掘基地的潜质，避免无人使用、无法利用的消极空间的产生。

卢浮宫玻璃金字塔

功能的量化和质化

功能的量化和质化是外环境平面设计中的重要环节，在平面布局阶段为特定的功能寻求到适宜的空间的过程将为最终高质量环境的形成奠定基础。

功能的量化和质化的实质是为所设定的功能寻求对应的空间。空间的尺度、大小、位置，需要符合哪些限定条件等，都是在功能的量化和质化过程中需要解决的问题。

空间中人的使用活动越明确，其量化也更精确，一些体育活动场地的尺寸几乎是定值，道路的宽度也可用车流人流的股数加以推算，这得益于其功能的确定性和唯一性。

多样性空间是室外环境景观中的多功能空间，需要综合考虑环境景观中使用者的活动情况，其量化方法可以用保证一定功能的综合量化范围来控制。

功能的量化很多情况下不仅要满足使用功能，还要考虑其精神、文化功能及其与周围环境尺度上的和谐。

环境功能的"质"是指环境中人的适宜度。决定适宜度的条件大致可以分为生理条件、行为条件和心理条件三类。

生理条件包括日照、遮阴、通风、温度、湿度、空气质量等建筑外部的气候因素，也包括一些能引起人感观反映的光亮、声响、气味、色彩、质地等知觉因素。

行为条件指环境对于人某种活动的适宜度，合理的布局、得当的设计将使人的活动更便利，也更舒适。如果将外部空间设想为由"线"和"点"两种空间基形所组成，一般而言，"线"形环境适宜于交通，而"点"形则适宜于停留。

心理条件指环境对于人心理感受的适宜度。除了行为上的便利、舒适，人还期望在外环境的活动中得到安全感、和睦感、尊重感和价值感，从而在环境中表现得更自信、更愉悦、更轻松，更有兴致。

依靠功能关系组织环境

当环境的功能及质量要求明确后，接下来就应该进入对功能的组织阶段。重要的功能空间在平面总体中应放在主要位置。整体空间的秩序要合理有序，重要的功能空间要充分考虑视野开阔，界限分明，疏散方便；空间连接转换要自然合理，各种空间要联系紧密，不能孤立和过于封闭；注意空间大小疏密有致，灵活多变又井然有序。这些大小不等、形态各异的空间需要通过一定脉络的串联才能成为一个有机的整体，从而形成外环境平面的基本格局。

以纽约泪珠公园（Teardrop Park）为例，位于下曼哈顿地区的这个小公园总面积约 7284.6m²，尺度相当于一个足球场大小（标准足球场 7000m²）。公园类似于口袋形，处于高层建筑（63 ~ 70m）的包围之中。

纽约泪珠公园用地情况

纽约泪珠公园景观，能让孩子自主开关的喷泉让他们和水的 精致的空间
亲近接触；适合孩子们玩耍的滑梯、沙池、自然的石块和原木，
攀爬上下，其乐无穷

　　基地为 20 世纪 80 年代对哈德逊河部分岸线围填造陆形成的。原先只是一块普通的平地，然而经过改造后的泪珠公园成为了让人远离喧嚣的世外桃源。

　　公园用地异常局促，自然条件也较恶劣，存在地下水位较高、土质不佳、建筑阴影区面积非常大、来自哈德逊河的干冷风猛烈等众多限制因素。该项目的景观设计师没有图省事，简单地将它做成一个以俯瞰为主的楼间绿地，而是通过小地形处理、高墙隔断、借景和蜿蜒的步道系统，完成了空间序列的塑造，为平坦且平淡的弹丸之地增加了景观层次，并在施工、照明、儿童发展、游艺、土壤、植物等多专业的配合下，将它设计建造成了一个空间丰富、开合有度、生机盎然、老少咸宜、可持续并兼具为候鸟等多种动物提供优质生境的公园。

　　公园设计的主要目的是为周围居民提供游憩及活动场所，设计将"游憩"的定义扩大，追求如何将游憩的功能与整个场地融为一体。设计者通过对石、沙、水、木的组合，配合起伏的地形、攀爬空间和陡峭叠山、滑梯，创造出一个适合不同年龄层儿童及家长活动、休息和探险的公共场所，吸引人们参与其中，唤起人们对自然的记忆。这里优美的环境不但成为孩子自由玩耍的天堂，也能为孩子的家长提供不受干扰、不必为孩子分心的安静的休息场所，他们可以坐在沙湾边上的顶上看着孩子在滚球草坪中玩耍，看着他们在滑梯上忙上忙下，或者与其他家长交谈、聊天，舒适放松的环境积极引导着健康的社区交往活动。

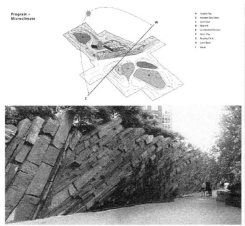

纽约泪珠公园

因场地日照不足，为保证北部大面积绿地有充足的日照时间。公园整体设计成"北高南低"的地形。[1]

南北两部分空间形成了动与静、坚硬与柔和，山丘与腹地，积极与消极的对比和分区。设计通过改造地形，设计分隔和联系南北空间的冰水墙和蜿蜒曲折的小径来屏蔽周围林立的高层映射在空间中的视觉和心理压力，使空间挣脱场地的束缚，以丰富多样的设计将小园做大，为纽约居民提供了一片远离城市喧嚣的绿洲。片石堆垒的精致石墙成为公园最为重要的景观元素，它和干净整洁的草地一起营造了这一公共空间场地中的私密感。

景观设计师在一个几乎不可能的场地上采取了大胆的举措，在巴掌大的地块上实现了如此之多且并行不悖的功能安排，将场地的限制变成了创造性地解决问题的机会。设计创造了一个真正的都市绿洲，在公园绿地中为人们提供了私密性的场所，让人忘记了身处的城市和周边的建筑。

4）交通组织

功能分区基本定位之后，随之而来的工作是道路交通网络系统的组织，它是整体规划建立骨架的关键环节。环境规划中各部分平面功能空间组构定位，起决定因素的是道路系统。在满足道路特定功能要求的前提下，出于规划美学的需要，巧妙合理地利用直线、曲线、折线、弧线、环线等形式，协

---

1 http://asla.org/awards/2009

调各部分功能空间景观，是形成环境景观构图美的必要手段。很多功能景观都是由路网划分平面空间形成的，这意味着道路交通组织在环境设计中的重要作用。

道路的容量主要指道路宽度，道路的宽度是否合适取决于它与支撑的人、车的流量是否匹配。作为线型基面的道路，笔直延伸是最为常见的形态，但在某些环境中，自然曲线的小径会使人的行走与环境更趋于和谐。笔直的道路总让人感觉到迅速是它的主要目的，而弯曲的道路让人感觉到休闲和舒缓；狭窄的道路让人感到直接和紧迫，适当放宽的道路则使人感到随意和放松。

道路铺装材料的设计需要研究其支承的人或车的行动特征。道路中不同的铺装材料还对人与车的行为具有暗示作用。即道路系统的区别设计可以在环境景观中起到一定的导识作用。例如：在北京奥林匹克公园，游园主干道允许驾驶电瓶车游览全园，这条主干道的铺装和宽度设计始终是一致的，有助于第一次游园的人在错综复杂的园路中很快辨识出主要道路，引导人们快速游览全园而不会迷路。

材料的质感和尺度可以影响空间的比例效果，铺地质感的变化可以增加铺地的层次感，要充分了解铺装材料的特点，利用它们形成空间的特色：大面的石材让人感觉到庄严、肃穆，砖铺地使人感到温馨亲切，石板路给人一种清新自然的感觉。

5）空间层次与序列

环境景观空间根据用途和功能可分为不同的领域，例如：公共的→半公共的→私密的，动的→中间的→静的。不同领域之间合理的组织关系，可以使人们在空间使用和行进过程中形成良好的空间层次感和过渡感。

空间的序列与空间的层次有很多相似的方面，它们都是将一系列空间相互关联的方法。人在特定时间段的空间行为可以局限于某种层次的领域之中，也可以跨越不同的层次领域。所以环境景观的空间序列设计也可以分为两种基本的模式，即同一层次内的序列设计与不同层次的序列设计。

故宫空间序列上的千步廊和太和殿前广场的不同空间感受只有置身其中才能有所体会

同一层次领域之间的空间序列设计，需要通过空间之间的对比、协调形成有序、连续、完整的整体形象。而不同层次领域之间的空间序列设计具有较强的单向性。两类空间序列设计各有侧重，只有将两类空间序列较好地编织在一起，彼此既相对独立又相互协调，才能为在空间中运动着的人们创造更美、更丰富的序列空间。

空间的渗透、因借对于人的视线和行为都有引导作用，人置身其中是运动着感知和使用空间的。空间序列虽然是以空间的形式存在，对这种序列感的认识和体验却是在时间中发生的。

7.2.3　平面形态的组织

1）平面形态设计中的点、线、面

环境景观平面设计的形态总体上可以说是由点、线、面共同构成的。

点是视觉能够感觉到的基本单位。在环境景观中，点可以理解为节点，是一种具有中心感的缩小的面，通常起到线之间或者面之间连接体的作用。

线是空间形态中的基本要素，也是面的边界。方向感是线的主要特征，环境景观设计中常利用这种性质组织空间。边界是人们进入环境的界限。精心组织场地和环境的边界，利用绿篱、栏杆、矮墙、台阶、坡道、建筑物的外墙以及地形的高差变化进行边界划分，辅助形成空间的分隔、过渡等转换关系，营造或开敞或私密，或热闹或安静的不同空间感受，有助于人们对环境空间的理解和领悟。

面的连接在环境景观平面形态设计中是一个最普遍的问题。无论是大尺度的区域与区域之间，还是小尺度的场地与场地之间，反映在平面图中都是面的连接问题。在外环境的平面设计中，面可以通过一个节点相连接，也可以分别地连接在线型道路两边。更多的是面与面的连接。两个面之间的连接有分离、紧临、相交、包含四种基本关系。

2）面的连接与组织

两个面的性质相同，人们很自然地会将其看作一个整体。当它们之间呈分离或包含关系时，两者之间形态的和谐极为重要。而当它们是紧临或相交关系时，更需关注的是两者所共同形成图形的轮廓形态。同时对于穿行于两者之间的人来说，所获得的空间感受也是不同的。分离关系给人的是从此地到彼地的空间变化；紧临关系使人感受到的是两个完整而连续的空间之间的转换，相交关系的空间转换则有可能因领域感的模糊而更自然；包含关系创造的空间感受是一种由内而外或者由外而内的空间层次感。

两个面性质不同时，它们之间形成以上四种关系时，需要重视面域边界的连续性与规整性。图形的边线可以由城市干道、河岸、围墙等所构成，并应与周围的环境条件相协调。

当需要多个面连接在一起时，就应该依据一定的脉络进行组织。集中形式、线形形式、辐射形式、组团式、网格式是其中主要的组织方法。

集中式

集中形式需要一个几何形体规整、居于中心位置的形式作为视觉导向，比如圆形、正多边形等。这些形体具有内在的向心性，作为与周边环境分离的独立结构，支配着空间中的一个点，或占据某一限定区域的中心。集中式是理想的形式，可以具体地表达神圣的或令人敬畏的场所及纪念重要的人或事件。

中国古典园林由于水面往往占到很大的比例，设计中常以水面作为景园的中心形成集中式的平面设计形式，这种设计形式可以在现代的景观设计中加以借鉴。

线形形式

线形形式可以来自某一形体的韵律变化或沿一条直线布置的一系列离散形体。这一系列的形体或者是按韵律关系重复排列的，或者是本质不同却通过一个独立的、明显不同的要素，如一面墙或一条道路来组织在一起。线形的组合表达了一种方向性，同时意味着运动、延伸和增长。

线形形式可以是断续的或弯曲的，由于它本身的可变性，容易适应场地的地形、植被或其他特征。

线形形式的一个特例就是轴线组织。围绕轴线布置是平面组织最常用的方法之一。无论是环境景观设计的平面图形还是空间形态，依据轴线组织都能带来有序的整体感受。

轴线可以转折，产生次要轴线，也可作迂回、循环式的展开。设计的方法可以与已建的建筑群的轴线一致，与基地的某一边线一致或者与周边区域及城市的主要轴线相一致。当然也可以根据基地条件有意识地与上述轴线呈一定的

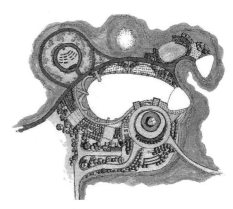

巴黎特罗卡迪罗广场的中心水池在平面形态上形成了向心的景观意象和视觉上的集聚效果

几种相近的图形组成的中心突出的平面形态　学生作业

夹角，轴线夹角部分产生的图形能够通过设计成为构图中的活跃因素，而使整体图形更为丰富。

在一些需要体现秩序感、庄严感的空间，如对城市中心区域、纪念性建筑群、校园广场等的室外环境平面设计中，运用轴线能有效地增强环境的效果。

辐射形式

辐射形式包括多个线形形式，这些线形形式从居于中心位置的核心要素出发以放射状的方式向外伸展。这种形式结合了集中式和线形形式的特点，形成独特的构图。

辐射形式的核心，可以是一个象征性的组合中心，也可以是一个功能性的组合中心。其中心的位置，可以表现为在视觉上占主导地位的形式，或者与放射状的翼部结合变成它的附属部分。放射状的翼部，具有与线形形式类似的属性，使辐射形式呈现出外向的特征。这些翼部可以伸展出去，并使自身与基地的特定面貌发生关系。

中心组织形式

将一个面置于中心位置，其他的面依据同一种或者几种连续模式与之衔接的组织方法称为中心组织形式。

在环境景观中，如果某一空间地位重要，或者是与周围的空间联系密切，其设计采取中心组织的构图方式是较合适的。中心组织还包括双中心组织、多

巴黎凯旋门和星形广场营造的辐射式城市景观

中心组织等组织模式。

组团式

集中式组合在排列其形体时有一种强有力的几何基础，而组团式组合则依据规模、形状或相似性等功能要求来组织形体。组团式虽然没有集中式的内向性，但其组合并不来源于某个固定的几何概念，因此灵活可变，可以把各种形状、各种尺寸以及各种方向的形体结合在它的结构中，使有序的整体环境保持适度的多样性。采用这种组织方法，需对各个平面组成图形做统一性的考虑，并控制整个图形的边界以形成整体的构图。

组团式组合可以作为附属物依附于一个较大的母体形式或空间上；可以利用相似性互相联系形成复杂的整体；可以彼此贯穿、合并，呈现出一个单独的、具有多种面貌的形体。

组团式组合也可以由尺寸、形状和功能大体相同的形体组合而成。这些形体在视觉上排列成一个互相连贯、无等级的组合，这种组合不仅是各要素彼此接近，而且具有相似的视觉属性。

网格式

一副网格是由两组或多组等距平行线相交而成的系统。最常见的网格是正

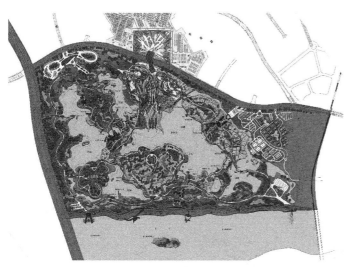
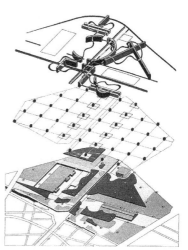

西安世园会景观规划平面借助组团划分满足了功能分区的要求　　　　　　　拉·维莱特公园景观的隐形方格网格

方形的网格。网格式组合的特点在于整体的规整性和连续性，它们渗透在所有的组合要素中。由空间中的参考点和线形成的构图建立起一种稳定的位置或稳定的区域，并形成均匀的质感。

3）平面形态组织原则

一个设计是对无穷变化的基本要素进行组织的结果，这种组织必须在统一性和多样性之间取得平衡，因为包含着意外变化的熟悉模式更有可能创造出使人易于理解和接受的美学效果。

统一性

统一性在于寻求多种元素之间的平衡和和谐关系。包括规模、尺度、形状、纹理和颜色等，更多相似性会保证设计的统一。例如，在形状上有反差时，颜色或纹理可以是连续的或相似的。要素数量越少，设计的统一就越容易。

多样性

一个景物要想长期引起人们的兴趣，多样性就是必须的。此外，为了提供视觉兴奋并丰富人们的生活质量，多样性也是一种基本需求。环境景观设计中的多样性取决于许多因素。地形地貌、气候、地域文化以及其他设计要素都会

西安钟鼓楼广场体现城市文脉的九宫格景观设计

影响到多样性。

设计应注意考虑多样性和统一性的平衡。

协调性

协调性涉及的是元素和它们周围环境之间相一致的一种状态。与统一性不同的是，协调性是针对各元素之间的关系而不是就整体而言。那些混合、交织或彼此适合的元素都可以是协调的，而那些干扰彼此的完整性或方向性的元素是不协调的。各个元素之间协调性的关键在于创造一个协调的整合体。

趣味性

趣味性并非基本的组织原则，但从审美角度来说是必须的，也是一个设计成功与否的关键。通过使用不同形状、尺度、质地、颜色的元素，以及变换方向、运动轨迹、声音、光线等手段可以增加环境景观一定的趣味性。

7.2.4 设计的综合

从接受客户的委托和认识场地的那一刻起，直到最终设计方案的建设成型，景观设计贯穿了整个设计过程。一个工程项目往往包含太多的变量，在

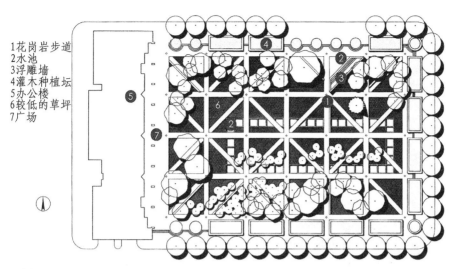

1花岗岩步道
2水池
3浮雕墙
4灌木种植坛
5办公楼
6较低的草坪
7广场

伯纳特公园景观，以严谨、多向度的网格设计解决项目中的复杂问题，满足了社区多方面的需求

解释的时候会变得神秘而复杂。尤其是在方案设计过程中，因为这个过程夹杂着主客观两个方面的影响因素。设计过程往往是非线性的，设计师常常通过回过头来审视设计过程的各个阶段，从而不断进行设计方案的检验、修改和完善。

在设计的初期，综合是把分析和设计理念结合在一起的过程。通过这个过程可以获得对既有问题的解决办法。

在设计过程中也有大量的机会进行综合。这会是一个宽泛的过程，而设计理念可以通过这种方式得以深化和发展。过去、现在、未来的思想轨迹在设计的各个环节中互相渗透，综合的过程可以让每个人都得到参与设计的机会，这可能包括多方面的专家、艺术家和广大群众。

7.2.5　细节的深入

在方案设计得到认可之后，还需要完成最终的设计及施工图纸，使方案得以建造实施，细节的深入往往在这个时候产生，包括铺装、植物配置、景观小品、照明、排水及其必要的设计说明文字等。

7.2.6　施工

当细节图纸绘制完成之后，景观设计师便可以目睹自己的方案投入施工建设。这个过程往往既让人满足又让人担忧。景观设计师必须监督施工过程，保证材料使用的准确和施工质量，甚至需要进行必要的现场设计与施工指导。建设施工质量可以反映出景观设计师和承包商的素质，这是工程得以高质量完成的关键。在整个建设过程中，景观设计师要与设计团队、承包商之间密切联系，直到每个阶段的工作结束。

华盛顿银行屋顶花园景观

为达到石头的堆叠效果，设计师在现场指导施工

纽约中央公园不但是大型城市景观，也是艺术家的天地，公园中的各类雕塑共同形成了城市景观中美轮美奂的历史长卷

7.2.7 建成

建筑从建成的那一刻起，就会随着时间的推移而不断老化，景观则是从建成的一刻才开始成长。景观设计师最大的乐趣是期待作品成长到最完美的那一刻。通过建筑的建设和植物的种植，场地会逐渐被填满，并成为人们生活的一部分。毋庸置疑，设计过程中不免会有些错误，并且这些错误常常遭到人们的指责。但是通过景观设计师的精心考虑和持续改进，项目会随着时间的推移慢慢发展成型，其过程也将会是设计师职业生涯中一笔宝贵的财富。那些伟大的杰作都在不断的发展过程中，不断被注入了更多有价值的内容，如美国中央公园和法国香榭丽舍大街，并且它们仍将继续延续这种发展状态。

本章扩张阅读：

1. 葛学朋主编. 手绘景观：方案与细部设计 [M]. 华中科技大学出版社，2012.

2. 佳图文化著. 景观细部设计手册（Ⅰ－Ⅱ）[M]. 华中科技大学出版社，2012.

3. 凤凰空间•上海著. 景观图纸典藏 [M]. 江苏人民出版社，2011.

参考书目

1.（英）蒂姆·沃特曼著.景观设计基础 [M].肖彦译.大连理工大学出版社，2010.

2.（美）伊恩·伦诺克斯·麦克哈格著.设计结合自然 [M].黄经纬译.天津大学出版社，2006.

3.（法）丹纳著.艺术哲学 [M].傅雷译.江苏文艺出版社，2012.

4.（美）约翰.0.西蒙兹著.景观设计学——场地规划与设计手册.俞孔坚等译.中国建筑工业出版社，2000.

5.杨至德主编.风景园林设计原理 [M].华中科技大学出版社，2009.

6.刘滨谊著.现代景观规划设计 [M].东南大学出版社，2010.

7.（美）贝尔等著.环境心理学 [M].朱建军等译.中国人民大学出版社，2009.

8.（美）卡尔·斯坦尼兹.景观设计思想发展史——在北京大学的演讲.黄国平整理翻译.中国园林 [J].2001(5).

9.（日）芦原义信著.外部空间设计 [M].尹培桐译.中国建筑工业出版社，1985.

10.（美）克莱尔·库珀·马库斯等编著.人性场所——城市开放空间设计导则.俞孔坚等译.中国建筑工业出版社，2001.

11.（美）米歇尔·劳瑞著.景观设计学概论 [M].张丹译.天津大学出版社，2012.

12.公伟，武惠兰编著.景观设计基础与理论 [M].中国水利水电出版社，2011.

13.陈志华.外国造园艺术 [M].郑州：河南科学技术出版社，2001.

14.周维权.中国古典园林史 [M].北京：清华大学出版社，1990.

15.童寯.造园史纲 [M].中国建筑工业出版社，1983.

16.陈从周.说园 [M].同济大学出版社，2000.

17.章采烈编著.中国园林艺术通论 [M].上海科学技术出版社，2004.

18.（明）计成著，陈植注释.园冶注释 [M].中国建筑工业出版社，1981.

19.童寯.江南园林志 [M].中国建筑工业出版社，2000.

20.王小东.伊斯兰建筑史图典 [M].中国建筑工业出版社，2006.

21.（美）霍格编，杨昌鸣译.伊斯兰建筑 [M].中国建筑工业出版社，1999.

22.（英）特纳著.世界园林史 [M].林箐译. 中国林业出版社，2011.

23.刘庭风著.日本园林教程 [M].天津大学出版社，2005.

24.王向荣，林箐著.西方现代景观设计及其理论 [M].中国建筑工业出版社，2002.

25.（日）针之谷钟吉著.西方造园变迁史——从伊甸园到天然公园 [M].邹洪灿译.中国建筑工业出版社，2004.

26.张健主编.中外造园史 [M].华中科技大学出版社，2009.

27.赵良主编.景观设计 [M].华中科技大学出版社，2009.

28. 陈晓彤著.传承·整合与嬗变：美国景观设计发展研究 [M].东南大学出版社，2005.

29. 乐卫忠编著.美国国家公园巡礼 [M].中国建筑工业出版社，2009.

30. （英）杰弗瑞·杰里柯、苏珊·杰里柯著.图解人类景观 [M].刘滨谊译.同济大学出版社，2006.

31. （美）奥列佛著.奥列佛风景建筑速写 [M].杨径青，杨志达译.广西美术出版社，2003.

32. （美）R 麦加里、G 马德森著.美国建筑画选——马克笔的魅力 [M].白晨曦译.中国建筑工业出版社，1996.

33. （美）沃特森（Wason,E.W.）著.铅笔风景画技法 [M].曹丹丹译.中国青年出版社，2000.

34. （美）麦克·W·林著.建筑绘图与设计进阶教程 [M].魏新译.机械工业出版社，2004.

35. 赵国斌著.景观设计（手绘效果图表现技法）[M].福建美术出版社，2006.

36. 陈红卫著.陈红卫手绘 [M].福建科技出版社，2007.

37. Thomas C.Wang. SKETCHING WITH MARKERS. Van Nostrand Reinhold Company, 1981.

38. J D Harding. On Drawing Trees and Nature. Dover Publications, 2005.

39. （美）T.贝尔托斯基著.园林设计初步 [M].陶琳、闫红伟译.化学工业出版社，2012.

40. （韩）张泰贤著.景观设计制图与表现.王丽芳译.辽宁科学技术出版社，2012.

41. （日）丰田幸夫著.风景建筑小品设计图集 [M].黎雪梅译.中国建筑工业出版社，1999.

42. 王晓俊著.风景园林设计 [M].江苏科学技术出版社，2009.

43. 闫寒.建筑学场地设计 [M].中国建筑工业出版社，2006.

44. Christian Norberg-Schulz 著.场所精神——迈向建筑现象学 [M].施植明译.台湾：田园城市文化事业有限公司，1995.

45. Matthew Carmona 等编著.城市设计的维度 [M].冯江等译.南京：江苏科学技术出版社，2005.

46. 陈伯冲著.建筑形式论——迈向图象思维 [M].中国建筑工业出版社，1996.

47. （美）迈克尔·索斯沃斯，伊万·本—约瑟夫著.街道与城镇的形成 [M].李凌虹译.中国建筑工业出版社，2006.

48. 吴家骅著.景观形态学 [M].叶南译.中国建筑工业出版社，2000.

49. 黄更.景观设计中场所的隐喻性研究 [J].中外建筑.2006(1):72~75.

50. （美）约翰·奥姆斯比·西蒙兹著.启迪——风景园林大师西蒙兹考察笔记 [M].方薇、王欣编译.中国建筑工业出版社，2011.

51. （美）彼得·沃克，梅拉妮·西莫著.看不见的花园——探寻美国景观的现代主义 [M].王建、王向荣译.中国建筑工业出版社，2009.

52. （德）乌多·维拉赫编著.景观文法——彼得·拉兹事务所的景观建筑 [M].林长郁，张锦惠译.中国建筑工业出版社，2011.

53. （德）西蒙·贝尔著.景观的视觉设计要素 [M].王文彤译.中国建筑工业出版社，2010.

54. ASLA 历年获奖作品，官方网址 http://www.asla.org/